新 潮 文 庫

100年の難問はなぜ解けたのか

―天才数学者の光と影―

春 日 真 人 著

プロローグ　世紀の難問と謎《なぞ》の数学者

数学が「宇宙の形」を解き明かす

皆さんは夜空を見上げながら、こんな想像をしたことはないだろうか。

あの星空の果てはどうなっているんだろう。

宇宙はいったい、どんな形をしているんだろう。

二〇〇七年夏、フランス・パリ郊外のムードン天文台。天体望遠鏡を並べて星空観察を楽しむたくさんの親子連れに、こんな質問を投げかけてみた。

――宇宙は、どんな形をしていると思いますか。

「宇宙は無限だよ。形はないんだ」（一〇歳・男性）

「四角いと思うわ。そうでないと、なかに惑星を片づけられないじゃない」（七歳・女性）

「広がり続けているのさ。たぶん大きな皿みたいな形じゃないかな」(一八歳・男性)
「宇宙の形を知るなんてできるのかしら? わかれば面白いと思うわ」(三〇歳・女性)
「その質問に答えはないよ。だって宇宙は物凄《ものすご》く大きいかも知れないし、僕たち人間はそれに比べたらちっぽけなものさ。どこが終わりで、どんなだか、見つけるのは不可能だ」(四二歳・男性)

宇宙の形——それは太古の昔から、私たち人類の好奇心を掻《か》き立ててきた謎である。古代インドでは、宇宙といえばとぐろを巻いた蛇の上に亀《かめ》と象が乗ったものだったし、古代エジプトでは、天空の女神の体から月や星がつり下げられていると考えられていた。古代のギリシャでは、プトレマイオスが天動説を唱え、宇宙の一番外側は「天球」という硬い球だと定義した。そして現代科学の最先端では、宇宙の謎が次々と解き明かされているが、残念ながら宇宙の形の全貌《ぜんぼう》は、いまだに確認されていない。

ところがつい最近、この宇宙の形の解明につながる、ある数学の難問が解き明かされたというのだ。難問の名は「ポアンカレ予想」。正確には「単連結な三次元閉多様体は三次元球面と同相である」と記述される数学上の命題である。一九〇四年に初めて提唱されて以来、数多くの数学者たちが挑んでは敗れてきた、文字どおり「世紀の難問」だ。世界に衝撃が走った。

「ポアンカレ予想は、この一〇〇年間、多くの数学者を苦しめてきた難問中の難問です。だから最初は、証明されたことを誰も信じませんでした」（アメリカ・イェール大学　ブルース・クライナー教授）

「まさに悪夢でした。こんなことが起きるのを、私は恐れていたんです」（フランス・パリ・オルセー大学　ヴァレンティン・ポエナル教授）

二〇〇六年、アメリカの科学雑誌「サイエンス」は、その年の科学ニュースの第一位に「ポアンカレ予想の解決」を選出した。

数学界にとっていわば一〇〇年に一度の「事件」。だが、この事件には続きがあった。

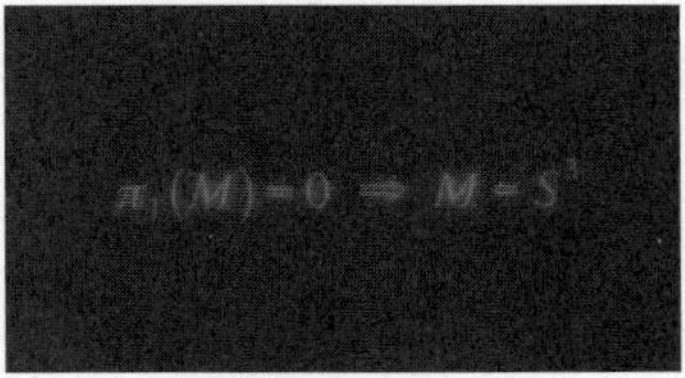

ポアンカレ予想を簡略化して表した数式

消えた天才数学者

二〇〇六年八月二二日。スペインのマドリッドで、国際数学連合（ＩＭＵ）が主催するフィールズ賞の授賞式が開かれようとしていた。会場には賞の授与をおこなうスペイン国王ファン・カルロス一世、そして世界の第一線で活躍する四〇〇〇人を超える数学者たちが詰めかけていた。

　フィールズ賞は四年に一度、優れた功績をあげた数人の数学者だけに与えられる数学界最高の栄誉で、その受賞者の少なさからノーベル賞以上に権威があるともいわれる。この年、フィールズ賞がポアンカレ予想の解法を示したひとりの数学者に与えられるだろうことは、誰もが信じて疑わなかった。

　ＩＭＵ総裁（当時）のジョン・ボール博士（オックスフォード大学教授）が受賞者を発表するため壇上に現れると、客席は大きな拍手で迎えた。博士は会場が静まるのをしばらく待って、こう言った。

「フィールズ賞は、サンクトペテルブルク出身のグリゴリ・ペレリマン博士に授与されます」

　言葉と同時に、長いヒゲをたくわえた男性の顔写真が壇上のスクリーンに大写しになった。グリゴリ・ペレリマン博士。世紀の難問・ポアンカレ予想を解決した四〇歳のロシア人数学者である。会場に嵐《あらし》のような拍手が沸き起こった。数学界に起きた「一〇〇年に一度の奇跡」を称《たた》え、喜びを分かち合う拍手だった。

だが、事件はその直後に起こった。ジョン・ボール博士は続けて、こう言ったのだ。

「誠に残念ながら、ペレリマン博士は受賞を拒否しました」

博士のその言葉をはっきり聞き取れなかったのか、それとも理解できなかったからなのか、会場にはまばらな拍手が起きて、すぐに止《や》んだ。あろうことか、ペレリマン博士はフィールズ賞のメダルや賞金を受け取ることを一切拒否し、会場に姿さえ現さなかったのである。

　ポアンカレ予想を自らの手で解決しようと力を注いできた数学者たちにとっては、とりわけ衝撃が大きかった。三〇年以上にわたってポアンカレ予想を研究してきたアメリカのウルフガング・ハーケン博士も、そのひとりだ。

「四年に一度しか与えられないフィールズ賞を拒否した数学者は、これまでひとりもいません。国際数学連合にとって信じられない打撃です。まさか人目を引くための行為だったとは思いたくありませんが、このことでペレリマンの名は世界中に知れわたりました。

　賞を拒否した真相はもちろんですが、彼がいったいどんな

「ポアンカレ予想が証明された」
(「サイエンス」2006年12月22日)

人間で、どんな人生を送っているのか、非常に興味があります」

グリゴリ・ペレリマン博士

「ロシアの世捨て人が『数学のノーベル賞』を拒否。学会を鼻であしらった」（アメリカ「USAトゥデー」紙）

「貧乏数学者が一〇〇万ドルの賞を拒絶した」（ドイツ「フランクフルター・アルゲマイネ・ツァイトゥング」紙）

「世界一の天才は、我らがロシアの住人だった」（ロシア「プラウダ」紙）

「ペレリマンは確かに興味深い。でも他の天才数学者はどうなるの？」（フランス「インターナショナル・ヘラルド・トリビューン」紙）

世界中のメディアが、この前代未聞《ぜんだいみもん》の事件を大きく報じた。

世紀の難問といわれるポアンカレ予想を解決した偉業もさることながら、ニュースの焦点は、ペレリマン博士の特異な風貌や謎めいた性格、そして難問にかけられていた一〇〇万ドル（約一億円）の高額賞金に当てられていた。

ポアンカレ予想は二〇〇〇年、アメリカの私設研究機関であるクレイ数学研究所が発表した七つの未解決問題、「ミレニアム懸賞問題（millennium prize problems）」のひとつに選ばれていた。問題の解決者には、数学界に貢献した見返りとして一〇〇万ドルの賞金が支払われるとされていたのだ。

だが、フィールズ賞受賞を拒否したペレリマン博士が、この賞金を受け取るだろうとは誰も考えなかった。当時クレイ数学研究所は一切コメントを発表しておらず、当のペレリマン博士は行方すらもわからなかったのである。唯一《ゆいいつ》彼の消息を伝えていたのは、ある奇妙な噂《うわさ》だけだった。

「ペレリマン博士は数学の世界を離れ、サンクトペテルブルクの森で趣味のキノコ狩りを楽しんでいる」

過去七〇年の間に、わずか四四人にしか授与されていない数学界最高の栄誉、フィールズ・メダル。メダルの表には古代ギリシャ時代の数学者アルキメデスの顔が刻まれ、側面に受賞者の名が刻まれている。だが今回のメダルは、史上初めて行き場を失った一枚となった。

最後の会話

ペレリマン博士はなぜ、数学者の誰もが憧《あこが》れる栄誉に背を向けたのか？　そして宇宙の形を解き明かす「ポアンカレ予想」とは、いったいどんな難問なのか？　それを突きとめようというのが、私たちの取材の出発点だった。

取材の旅は二〇〇七年一月、国際数学連合（ＩＭＵ）前総裁のジョン・ボール博士をイギリスに訪ねることから始まった。ペレリマン博士が数学界から姿を消す前、本人と話した最後の数学者だという情報を得たからである。マドリッドでペレリマン博士の受賞拒否を告げたときの思い詰めたような表情も、強く印象に残っていた。

ベルリンに保管されている
ペレリマン博士のメダル

「メダルの保管という重責を負わなくて良いことに、正直言ってホッとしています」

ジョン・ボール博士はそう言うと、優しい笑顔を見せた。オックスフォード大学数学科部長で応用数学を専攻する博士は二〇〇六年の総会の後、すぐにＩＭＵ総裁のポストを離れていた。ＩＭＵの事務局は、四年に一度の会議（国際数学者会議）を終えると主催国が交替し、スタッフの総入れ替えがおこなわれる。あの前代未聞の受賞拒否のあと、事務局はドイツに移った。ペレリマン博士に贈られるはずだったフィールズ・メダルはベルリンの事務局に移され、今も厳重に保管されている。

ジョン・ボール博士は、ペレリマン博士と直接の面識はなかった。ペレリマン博士の受賞がＩＭＵの委員会で内々に決まった二〇〇六年春、意思確認のため本人に電話連絡したとき、初めて言葉を交わしたという。

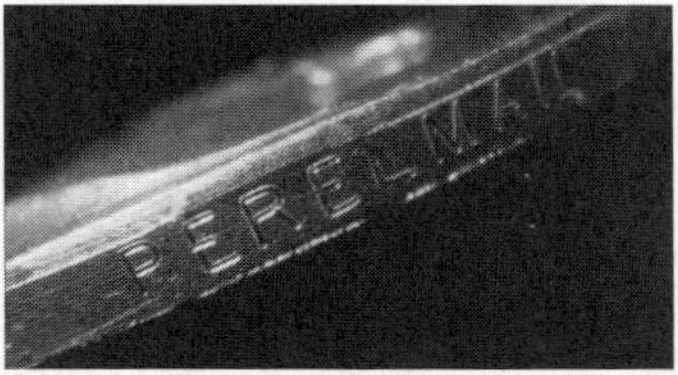

フィールズ・メダルの側面には、
本来の持ち主の名が刻まれている

「私は、フィールズ賞があなたに決まったので受けとってほしいと伝えました。するとペレリマン博士は流暢《りゅうちょう》な英語で、『賞は、要りません』と答えたのです。受賞の知らせに驚いた様子はまったくなく、連絡が来たらどう振る舞うかを前もって考えていたようでした。私が思い切って、サンクトペテルブルクを訪れたら会ってくれるかと尋ねると、あっさりと承知してくれました」

そして二〇〇六年六月中旬、ジョン・ボール博士は単身、サンクトペテルブルクに渡った。実際に会えばペレリマン博士の考えを変えられるかも知れないというわずかな望みを持って。

「成功する可能性が高いとは思いませんでしたが、説得を試みること自体が重要だと思ったのです。周囲の数学者がそれを私に求めていましたし、私自身も望んでいました。フィールズ賞を拒否されれば、いずれ問い合わせが殺到することがわかり切っていたので、たとえ説得が失敗したとしても、彼の心中をよりよく理解しておくべきだと考えたのです」

――サンクトペテルブルクで彼に会ったときの第一印象はどうでしたか。

「私は待ち合わせ場所に決めていたオイラー研究所に先に到着し、待っていました。しばらくすると彼がやって来て、建物の外で私を待っているのです。長い髭《ひげ》と長い爪《つめ》。彼の容貌はとても独特でしたから、すぐにわかりました。でもそんなことはどうでも良かった。私は彼が話すことだけに興味がありました。彼がオイラー研究所の中に入りたがらなかったので、我々はほかの色々な場所を選んで話し合いました」

――彼はなぜ研究所の中に入りたがらなかったのですか。

「なぜかは聞きませんでした。でも私の推測では、彼は数学界に属していない、属したくない、という立場を貫いていたのだと思います。だから中に入りたくなかったのでしょう」

――そのように彼が感じるのはなぜでしょうか。

「彼の個人的な話になるので、詳しく述べたくはありません。しかし明らかに、あることが彼に起こり、それによって自分は数学界には属していない、属したくないと思うようになったようです。それ故《ゆえ》に、彼は数学界を代表する人物として見られたくなかったのです。これが彼の言った、賞を受けたくない理由のひとつでした」

――あなたはどう思いましたか。数学界に対する彼の考え方に同意しましたか。

「数学者は多くの科学者と同様、真面目《まじめ》です。しかし、ペレリマンは特別に高潔な数学者です。たぶん、それは彼の数学が持つ明確性によるものと思います」

――彼の受賞に対する見解は固まっていましたか。それとも、賞を受けることが重要であるというあなたの意見に耳を傾けましたか。

「両方だと思います。彼は確固たる意見を持ち、最初に電話で話したときからサンクトペテルブルクでの二日間の後に別れるときまで、見解を変えたとは思いません。でも、同時に、彼は私の言うことに耳を傾け、それに返答しました」

――その二日間、彼は自分がおこなった研究に対する誇りや達成感を表現しましたか。

「はい。自分が成し遂げたことを誇りに思うかと聞いたら、彼は『はい』と言いました」

――訪問は成功だったのでしょうか。

「彼の考えを変えることはできなかったので、その点では失敗です。しかし、彼自身のことや互いの考え方を理解し、多くの問題を話し合えたことは良かったと思います。彼はとても誠実でした。彼との面会を楽しめただけでも、大きな収穫でした」

ジョン・ボール博士の話を聞けば聞くほど、ペレリマン博士の真意はますます謎《なぞ》めいていくようだった。だが、「高潔な数学者」という言葉がはっきりと印象に残った。別れ際《ぎわ》にジョン・ボール博士は、申し訳なさそうにこう言った。「最近はペレリマン博士と連絡を取っていないし、どこにいるかもわからないのです」。

目次

100年の難問はなぜ解けたのか

——天才数学者の光と影——

第1章　ペレリマン博士を追って

生まれ故郷　サンクトペテルブルク

二〇〇七年五月、私たちはロシア第二の都市サンクトペテルブルクを訪ねた。行方をくらましたペレリマン博士は、生まれ故郷のこの街で暮らしているという。

白夜が始まり、夜の九時を過ぎても青空が残るこの頃から、古都サンクトペテルブルクは本格的な観光シーズンに入る。街を縦横に走る運河は観光客を乗せた遊覧船でにぎわい、週末ともなると教会で結婚式を挙げたばかりのさまざまな国籍のカップルをそこかしこで見かける。

だが、肝心の博士の居所はすぐにはわからなかった。かつて彼を取材したことがあるという地元のジャーナリストから連絡を待つ間、私たちは街で聞き取り取材をして歩いた。

――この写真の男性を知っていますか。

「テロリスト？　それとも俳優かしら」

答えてくれた女性は、ドイツからの旅行者だった。この時期はヨーロッパから訪れる観光客が多いのだが、首からカメラをぶら下げているのは大抵ドイツ人なのだという。どこかで聞いたような話だ。

次は地元の人に聞こうと、客待ちをしていた中年のタクシー運転手に声をかけた。

「知ってるよ。ポアンカレ理論とやらを解いて、一〇〇万ドルを辞退した数学者だろ。どこにも姿を現さないし、買い物にさえ行かないんだ」

――どう思いますか。

「おそらく変わり者なんだろう。頭は良いんだろうがね」

続いて、屋台でアイスクリームを売っている女性。

「知ってますよ」

――受賞を拒否したことを、どう思いますか。

「おかしいと思います。私だったら辞退しないでしょう。住むところに困っているし、二歳の小さな娘もいるんですもの。いったいどういうつもりかしら」

アイスクリームをほおばっていた小学生らしき二人組にも聞いてみた。

「見たことあるよこの人。有名な数学の人だ」

「あっちのほうに住んでるんだよ!」

とにかく地元では、博士は相当な有名人のようだ。

ペレリマン博士の住まいは、サンクトペテルブルク郊外の高層の集合住宅がひしめく地域にあった。近所の人の話では、このあたりの住宅はほとんど、日本でいう1LDKほどの間取りで、庶民向けのアパートだという。

一階の踊り場にある郵便受けには、だれの名前も書かれていなかった。ペレリマン博士が住んでいるはずの六階の部屋のドアにも表札はない。思い切ってドアをノックしてみたが、反応はなかった。

本当にここに、世紀の難問を解き明かした数学者が住んでいるのだろうか。通りかかった住人に聞いてみた。

――ペレリマンさんは、こちらにお住まいですか。

「はい、ここですよ」

そう言って、女性はペレリマン博士の部屋のブザーをおもむろに押した。何度押しても反応はなかったが、彼女はむしろ当然という表情である。

「私はこの五年で、六回ほどしか彼を見ていません」

――最後に見かけたのはいつですか。

「二、三か月前でした。彼の身なりは地味なものです。まるで、人の群れから距離を置いているみたいでした。顔はすっかりヒゲに覆《おお》われているんですよ」

彼女によれば、もともとペレリマン博士は自分で借りたこのアパートと、同じ市内に住む母親の住まいを行ったり来たりしていた。だが受賞拒否が世界中の注目を集めて以来、母親のもとに身を寄せているようだという。

――どうすれば博士に会うことができるか、わかりますか。

「わかりません。彼は研究所で働いていたから、そこで何らかの情報を教えてくれるかも知れません」

結局、彼女以外の住人は、ペレリマン博士の素性をほとんど知らなかった。

博士が勤めていたステクロフ数学研究所は、サンクトペテルブルクの中心を流れるフォンタンカ運河沿い、古い石だたみの通りにあった。この界隈《かいわい》は、ドストエフスキーの小説『白夜』の中で主人公の男女が出会う舞台にもなっている。

ロシアで最も伝統あるこの研究所に勤める数学者には、大学教員のように学生を指

サンクトペテルブルク、フォンタンカ運河畔に建つ
ステクロフ数学研究所

導したり、様々な事務作業をこなす義務は一切ない。給与は決して高くないものの、自分の研究だけを追究することを許されたエリートたちが国じゅうから集まっている。

ペレリマン博士の同僚、ナターシャ・カラザエーヴァさんが博士の部屋まで案内してくれた。立て付けの悪い木製のドアを開けると、決して広くない部屋の真ん中に楕円形《だえんけい》のテーブルがあり、窓際《まどぎわ》に机が四つ並んでいた。

「ここは数理物理学の研究室です。ペレリマンを含め、何人かの数学者が共同で使っていました」

部屋の一番端の、大きなパソコンが置いてある机を指して彼女は言った。

「彼はいつもこの席に座って研究をしていました。決まって、皆に背を向けていたんです」

博士の席からは、フォンタンカ運河を往《ゆ》き来《き》する遊覧船と小さな橋がよく見えた。

ペレリマン博士が姿を消す直前に同僚が撮影した、一枚の写真が残されている。パソコンに向かう博士の後ろ姿だ。

研究所に出勤すると、ペレリマン博士はまずパソコンの前に座ってメールのチェックをしたという。同室の同僚たちは二、三人でテーブルを囲み、お茶を飲みながら数学の議論をすることが多かったが、博士はその輪に加わることはなく、ただひたすら自分の研究に没頭していた。

「彼は急に立ち上がったかと思うと、テーブルのお菓子をつまんでブツブツ言いながら自分の席に戻るんです。一見とっつきにくいのですが、数学の質問をすると意外なほど丁寧に答えてくれました」

ペレリマン博士は二〇〇五年の一二月、突然この研究所を辞めた。同僚たちの誰もが引き留めたが受け入れず、以来一度も研究所に姿を見せていない。

「ペレリマンにとっては、数学がすべてです。数学は彼の人生そのものなんです。彼が数学の世界から身を引いたという噂《うわさ》がありますが、とても信じられません」

ナターシャさんの言葉は、静かだが確信に満ちていた。

金も地位もいらない

一方、博士が消息を絶ったことで研究所の事務員は困り果てていた。事務室の隅には、世界中から届いたペレリマン博士宛《あ》ての郵便物が山のように溜《た》まっていた。

「これらはすべて講演の依頼や招待状です。これはアメリカのバークレー研究所から。こちらはイタリアのミラノから。全部、ペレリマンに届けてほしいと書いてあります」

郵便物のほとんどが書留なのだが、本人は受け取りを拒否している。それで結局、ステクロフ研究所に回ってきてしまうのだという。困ってはいたが、事務員たちはペレリマン博士を責めるような態度は見せなかった。

「ペレリマンが賞を辞退したのは、非常に彼らしい気がします」

そう語ってくれたのは、研究所の経理を担当するタマーラ・ヤコブレーブナさんだった。

タマーラさんは四五年前からステクロフ研究所に勤める大ベテラン。貫禄《かんろく》のある大柄な女性だ。学生時代、数学を専攻していたこともあって研究所の職員からの信頼は

ステクロフ数学研究所にある博士の自席と同僚が撮った
ペレリマン博士の後ろ姿

厚く、海外出張をした数学者が持ち帰る土産物で彼女のオフィスは埋め尽くされている。

研究所を辞める数か月前、ペレリマン博士は突然彼女のもとを訪れ、給料の一部を返したいと切り出した。

「彼は言いました。『私はこのプロジェクトに参加していない。だから、このお金を受け取れません』。つまり給料明細に自分の知らないプロジェクト名が書かれているが、自分はそれに参加していない。だから金は受け取れない、というのです。

そのプロジェクトは当時、彼と同室の数学者がグループでおこなっていたもので、ペレリマンはたまたま一時期、それと関係のない研究をしていたのです。受け取っても責める同僚などいません。少なくとも私の記憶では、この研究所で過去にそんなことは一度もありませんでした。受け取ったお金を返すなんて」

しかし、だからといって、ペレリマン博士が金銭的に余裕のある生活をしていたわけではない。当時は自分と母親の二人の暮らしを、月々五〇〇〇ルーブル（約二万二〇〇〇円）の給料で支えていた。給料の振り込みが少しでも遅れると深刻な顔でタマーラさんのもとにやってきて、今月はまだ給料が入っていないのだが、と訴えたという。

「つまりペレリマンは、自分の決めた行動原理を守っているだけなのです。このことは私の知る限り、多くの数学者に共通した特徴と言えます。彼らの多くは自分が決めた原則に忠実で、他人との人間関係のためにその原則を曲げることは稀《まれ》です。ですから、ペレリマンの行動を社会一般の基準と比べることにまったく意味はありません。そういう意味では、私はペレリマンの取った行動を理解できないというより、むしろもっともなことだと思っています」

タマーラさんは、ペレリマン博士の受賞拒否について分析しようとはしなかった。ただ、彼は「数学者に特有の性質」を持っている、と何度もくり返した。

「ペレリマンは人付き合いはうまくないかもしれません。お世辞にも気さくな性格とは言えません。しかしその代わりにたぐい稀な、人並み以上の誠実さがあります。完全なまでの誠実さです。数学とは、厳格な規律の積み重ねで成り立っている学問です。一面において、それは数学者をそっけないものにさせ、あたかも感情に乏しい人間のように見せることがあるのです」

サンクトペテルブルクに入って一週間。私たちはペレリマン博士の近況を、意外な形で知ることになる。それは、たまたま目にしたテレビ番組だった。

〈ポアンカレの定理を証明したにもかかわらず、フィールズ賞と賞金一〇〇万ドルの受け取りを拒否した著名な天才数学者ペレリマンは、サンクトペテルブルクで社会から距離を置いています。今どこで、何をしているのでしょうか〉

番組は、隠しカメラで撮ったと思われるペレリマン博士の姿を映し出していた。博士の自宅の周囲で待ち伏せして撮影したらしかった。

〈ここはペレリマンのアパートの隣のスーパーマーケットです。ご覧ください。彼は人気のある大衆雑誌を手に取っておきながら、もとの場所に返しています。三〇ルーブルでさえ、彼にとっては大金なのです。食べ物に使うお金も切り詰め、驚いたことに、リンゴも二ルーブル（一個）分しか買いませんでした。もし一〇〇万ドルを受け取っていれば、きっとリッチな生活が待っていたでしょうに……〉

そんなナレーションのあと、ペレリマン博士がタキシードを身につけ、両手で美女を抱きかかえた刺激的な合成写真が映し出された。

フィールズ賞の受賞を拒否して以来、ロシアではペレリマン博士のプライベートな生活を追いかけたこうした番組が繰り返し流されているという。

地元の新聞は、ペレリマン博士にまつわるこんな流行語まで生まれたと報じていた。

「ペレリマニーチ」（「ペレリマン」の動詞形？）＝不特定の場所にいること、行方が知れないこと。

「ペレリマンをさがす」＝不可能なこと、実現不可能なことをおこなうこと。

私たちにとっては、笑いごとではなかった。

変わり果てた天才少年

ロシア国内でのこうした博士の扱いに、心を痛めている人物がいた。高校時代のペレリマン博士の恩師、アレクサンドル・アブラモフ先生。現在はモスクワの教育委員会に所属し、新しい学校の設立を計画する仕事に就いているという。アブラモフ先生に話を聞くため、私たちはモスクワに飛んだ。

「グリーシャは、今どうしているのでしょうか？」

あいさつもそこそこに、先生は切り出した。グリーシャとは、グリゴリというファーストネームを持つペレリマン博士の少年時代の愛称である。私たちが、ペレリマン博士との接触には失敗したがテレビ番組をたまたま録画したと伝えると、見せてほし

アブラモフ先生が指さしているのが少年時代のペレリマン博士

いと言われた。番組を見ている間じゅう先生は眉《み》間《けん》に皺《しわ》を寄せ、せわしなくタバコを吸い続けていた。

「まったく、ひどい報道です。彼に対しては、もっと敬意を持って接するべきだと思います。それなのに、こんな扱いをするなんて……」

アブラモフ先生は本棚の奥から分厚いファイルを引っ張り出した。そこには高校時代のペレリマン博士の写真や新聞記事の切り抜き、さらに当時の試験の答案までが整然と保管されていた。よほど大切にしているのかファイルには埃《ほこり》ひとつなく、写真の保存状態も良かった。写真の中のペレリマン少年は今より少しふっくらして、髪もすっきりと短い。友人たちに囲まれて楽しそうに微笑《ほほえ》んでいる場面が多かった。

「彼は様々な分野に興味を持っていました。どんな話題のときでも、口数が少ないにもかかわらず会話を途切れさせませんでした。つまり博識でした。スポーツは苦手でしたが、散歩は好きでした。我々はよく一緒に散歩をしながら、数学について語り合ったものです。彼はときどき、私を驚かせるとんでもないことを言いました。例えば『誰かがそっと耳もとで解法を囁《ささや》いてくれたような気がするんです』なんてね」

最も優秀だった教え子の身に、いったい何が起きたのか。博士が姿を消した理由は、アブラモフ先生にも見当がつかない。

「『才能豊かな人間にはその才能を許さなければならない』という言葉があります。天才というものは、どこか変わったところがあるものなのです。しかしペレリマンに対しては、今のロシアの雰囲気は寛容さを忘れている。なぜ彼は、世間から距離を置かざるを得なくなったのか。いったい何がきっかけだったのか。敬意を持って、その理由を考えなければならないと思います」

私たちはペレリマン博士がキノコ狩りをするという噂のある、サンクトペテルブルク郊外の森を訪れた。しかし五月の森ではペレリマン博士の姿はもちろん、キノコを見つけることさえ難しかった。

博士はなぜ栄誉に背を向け、姿を消してしまったのか。

「高潔な数学者」「完全なまでの誠実さ」「数学は彼の人生そのもの」……。ペレリマン博士を知る数学者たちの真意は定かではないが、そこには博士の失踪《しっそう》の謎《なぞ》を解くヒントが隠されている気がした。私たちは数学について、まだ大切な何かを知らないのではないか。

博士が姿を消した本当の理由を知るためには、ポアンカレ予想とは一体どんな難問なのか、そしてその難問が一〇〇年のあいだ、どんな運命を辿《たど》ったのかを知らなければならない。

私たちは、サンクトペテルブルクにいったん別れを告げた。

第2章　「ポアンカレ予想」の誕生

自由な数学を愛した天才ポアンカレ

二〇〇七年六月、私たちはフランス・ロレーヌ地方の小都市ナンシーを訪れていた。市内の高校で、ポアンカレ予想に関する特別授業を取材するためである。講師はパリ・オルセー大学の名誉教授、ヴァレンティン・ポエナル博士（七五）。生徒は理系の進学クラスに在籍する一〇〇人近い高校生たちだ。教室に入った途端、ポエナル博士は一気に喋《しゃべ》り始めた。

「今日の講義の内容は、ポアンカレ予想です。しかし本題に入る前に、まずポアンカレ自身のことについて少し触れた方が良いと思います。ポアンカレはあらゆる学問を扱った最後の科学者でした。彼は当時存在したほぼすべての数学的分野の問題を扱いました。しかも彼は、当時とても重要な物理学者だったのです。さらに言っておかねばならないのは、ポアンカレは偉大な哲学者としても認められていたということです。実際、哲学書を四冊残しています[1]。それは今日でも古典となっており、誠に素晴らし

アンリ・ポアンカレ（1854〜1912）

い文章で書かれています。今日でも通用する内容です。科学的な記述は少し古びていますが、彼の哲学的な思想は今なお少しも色褪《いろあ》せません」

実はこの高校、その名もアンリ・ポアンカレ高校という。ポアンカレ予想の生みの親である数学者アンリ・ポアンカレの出身校なのだ。中庭の真ん中にポアンカレの胸像があって、休み時間のたびに生徒たちは周りで楽しそうにお喋りをしている。

私たちは特別授業に先立って、生徒たちが偉大な先輩についてどこまで知っているのか、尋ねてみることにした。

――アンリ・ポアンカレを知っている？

「知ってるよ。レイモン・ポアンカレの従兄弟《いとこ》だった人でしょ。レイモンはフランスの政治家！大統領だったんだ」

──ポアンカレが何をした人か、知っていますか。

「ポアンカレはある定理を発見したの。何だかハッキリ知らないけど、とても重要な理論を発見したってことは確かよ。これを言えるだけでもかなり良い線行ってるでしょ。

彼はアストロノミー（天文学）の研究をして、あのアインシュタイン博士の研究も助けたの。とても偉大な思想家でもあったのよ。彼はひん曲がった眼鏡をかけていたけど、完璧《かんぺき》な人間なんていないからしょうがないわ」

アンリ・ポアンカレは一八五四年、フランス北東部のナンシーに生まれた。父レオン・ポアンカレは医学部の教授として忙しく、母ユージェニー・ロウノアが息子の教育に熱心に取り組んだといわれる。一八六二年にポアンカレはリセ・ナンシー（現在のアンリ・ポアンカレ高校）に入学した。成績表によればほとんどすべての科目で首席だったが、音楽はあまり得意ではなく、また運動は〝良くて平均〟だった。

学生時代のポアンカレが母親宛《あ》てに綴《つづ》った、一風変わった手紙が残されている。

「母さん、これが僕の風邪の症状の変化です。最初は鼻がつまり、それがどんどんひどくなって、やっと治まったと思ったら今度は胸が痛くなってきました」

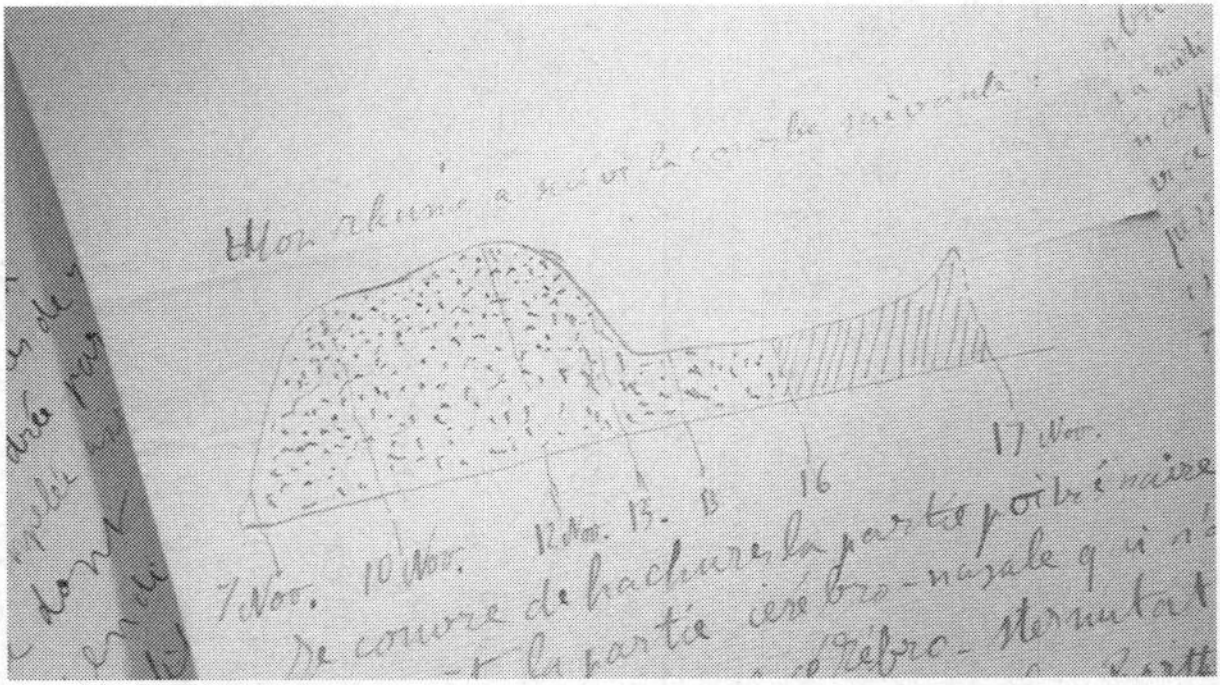

ポアンカレが母親に宛てて送った手紙。自らの風邪の症状の変化がグラフで綴られている

なんと風邪の症状をグラフで表したのである。何でも数学的に考える癖があったのか、ポアンカレは知人に宛てた手紙の多くに、こうしたユニークなグラフや図を描いている。だが実は、精微な絵を描くことは苦手だったという。

「ポアンカレは絵が下手で、図画の成績が良くなかったのです。エコール・ポリテクニク（パリにある工科系大学）在学中の手紙から、彼はデッサンを懸命に練習していたということが知られています」（ナンシー大学　ゲルハルト・ハインツマン教授）

やがてポアンカレは、数学だけでなく物理学や哲学などあらゆる学問をマスターし、レオナルド・ダ・ヴィンチやアイザック・ニュートンとも並ぶ「知の巨人」と称《たた》えられるようになる。

ポアンカレの発想は直感的だ——同時代の数学者ジーン・ガストン・ダルブー（フランス）はそう評した。彼が頻繁に図を使って説明するのはそのためだというのだ。確かにポアンカレは厳密さに無頓着《むとんじゃく》で、論理を嫌う一面があった。論理は発明の源ではなくて着想を秩序立てる手法に過ぎず、むしろ論理が着想を妨げると信じていた。そのためポアンカレは、数学が論理学の一部であると信じていた数学者バートランド・ラッセル(2)（イギリス）やゴットロープ・フレーゲ（ドイツ）とは正反対の立場で、激しい哲学論争を繰り広げたという。

「形」の謎《なぞ》に迫る　ポアンカレ予想

ポアンカレ予想が誕生したのは今を遡《さかのぼ》ること一世紀、一九〇四年。アンリ・ポアンカレ五〇歳のときである。折しも当時のパリでは、アール・ヌーヴォー（新しい芸術）が街じゅうを彩《いろど》っていた。巨大なキノコをかたどったランプ、ヒョウの肢体を思わせる流線型の家具……。それは一八世紀の産業革命以来ヨーロッパの工業デザインを支配していた「機械的な直線」を葬《ほうむ》り去り、植物や動物をモチーフにした「柔らかな曲線」を主張するデザインの革命だった。アール・ヌーヴォーの拠点のひとつがポアンカレの生まれ故郷ナンシーであり、中心となっていたのが同じナンシー出身で

「ナンシー派」の名で知られるガラス作家エミール・ガレやドーム兄弟だったのだ。

「ここにポアンカレの著作が揃《そろ》っています。すべてポアンカレのご家族から譲り受けたものです」

フランスでポアンカレ研究の拠点となっているナンシー大学資料室。ゲルハルト・ハインツマン教授は、誇らしげに書棚から論文集を取り出した。一九〇四年にポアンカレが発表した「位相幾何学（Analysis Situs）への第五の補足」。ここに「ポアンカレ予想」の原文が記されている。

「論文集の題名にある『位相幾何学』は、ポアンカレがまとめた数学の一分野で、現在ではトポロジーと呼ばれています。この論文で彼は、自分自身に問いを投げかけています。今日当たり前とされているような論文の形式、すなわち定理をまず述べ、そのあとで証明を書くという体裁にはなっていません。これはあくまでも自分との対話で、まず質問を発し、自らそれに答えるような文章が延々と続くのです。

この論文の最後で彼は、後にポアンカレ予想と呼ばれるようになったひとつの問いかけをしています。この部分です。『検討しなければならない問題が最後にひとつ残っている。基本群が同相に置き換えられても、単連結体にならない可能性はあるか?』」

二〇世紀の「知の巨人」が世に送り出し、一〇〇年以上かかってようやく解き明かされたポアンカレ予想。厳密には、こんな数学的表現で表される。

「単連結な三次元閉多様体は、三次元球面と同相と言えるか」

この問いかけが一体、宇宙の形とどう関係するのだろうか。そのややこしい説明に、これからしばらくの間、お付き合い願わねばならない。

さてここで、先ほどのヴァレンティン・ポエナル博士による特別授業に戻ろう。

「ポアンカレが誰だかわかったところで、いよいよポアンカレ予想の世界にご案内しましょう。ポアンカレ予想は、宇宙の形と構造に関係がある数学の問題なのです」

ポエナル博士はそう言うと、赤いロープを取り出し、壁に映し出された宇宙の映像のうえ一面に張り巡らせた。

「誰かが長いロープを持って宇宙一周旅行に出かけたと想像してみてください。その人物が旅を終え、地球に無事戻ってきたとしましょう。そのとき、宇宙にグルリと巡らせたロープは、こんなふうに、いつも必ず自分の手もとに回収できるでしょうか」

ポエナル博士はいったん広げたロープを引っ張って、手もとにたぐり寄せた。
「もしロープが必ず回収できるならば、宇宙は丸いと言えるはずだ。これが、今日『ポアンカレ予想』と呼ばれているものなのです」

宇宙に巡らせたロープが回収できるなら、宇宙は丸いといえる……。何とも人を食った話である。ポアンカレ高校の生徒たちは、怪訝《けげん》な顔をして静まりかえっていた。そこで博士は提案した。かつて我々人類が「地球の形」をどう考えていたのか。その物語から説明したほうが、結果的にポアンカレ予想を理解する近道だというのだ。話の舞台は、現代から一気に一六世紀のポルトガルに飛んだ。

まずは「地球の形」から

「皆さんはユーラシア大陸の最西端にあるロカ岬を訪れたことがあるでしょうか。中世の昔、そこから西に陸はないと信じられていた場所です。一六世紀のポルトガルの詩人カモンイスは、その断崖《だんがい》絶壁に立ってつぶやきました。『ここに地終わり、海始まる』。
科学が発達する以前の人々にとって、地球は『無限に続く平らな世界』でした。も

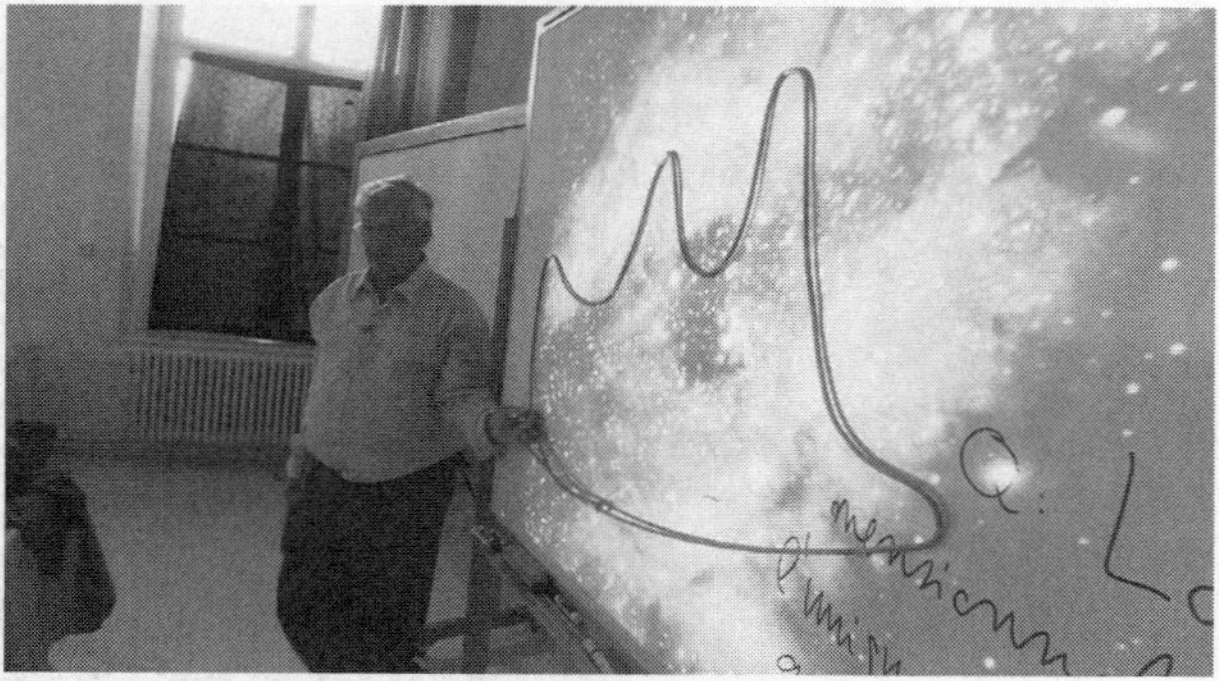
壁に映し出された宇宙にロープを張り巡らせる
ヴァレンティン・ポエナル博士

ちろん科学者たちは『地球はおそらく丸い球《きゅう》だろう』と推測してはいましたが、それを実証した人は、まだいませんでした。水平線の向こうには滝があるんだとか、いや巨大な山がそびえているんだ、なんていう話を信じる人だってまだいたんです。

このまっすぐな水平線の向こうは、いったいどうなっているのか……？『地球の形』は当時、人々の好奇心をかき立てる最大の謎だったのです。お馴染《なじ》みのあの人物が登場する、その日までは……。

そう。ポルトガルの冒険家、フェルディナンド・マゼランです。一五一九年、マゼランは五隻《せき》の船を率いて、まだ誰も成し遂げていない世界一周の旅へと挑みました。マゼランは、インドへの航路として当時よく知られていた東へは向かわず、逆に西へ西へと艦隊を進ませたのです。未知の海での航海は困難を極め、船は一隻一隻、減ってゆきました。マゼラン自身も旅の途中、現在のフィリピンで命を落としてしまったのです。

しかし三年に及ぶ航海ののち、五隻のうち一隻が見事、出発点であるポルトガルに東から戻ってきたのです！ 史上初の偉業を成し遂げた乗組員のひとりアントニオ・ピガフェッタは、航海日誌にこう書き残しました。『我々はついに世界一周を果たした』。

そうです！ マゼランたちの命を賭《か》けた冒険の結果、地球が丸いことが初めて実証されたのです」

ここまでは、皆さんご存じのエピソードである。ふだん私たちが「平ら」だとしか認識することのできない地球の形が、実際には「巨大な球の一部」だったことを、マゼランは身をもって示したというわけだ。

しかしポエナル博士の話には、さらに続きがあった。

「ところがです。それからおよそ四〇〇年後、我らが天才科学者アンリ・ポアンカレはこう考えたのです。

『マゼランの方法では、地球が丸いことを証明したことにはならない』。

ポアンカレの理屈は、こうでした。

『もし地球が、まん丸い球でなかったとしたらどうだろう。たとえば、北極と南極を貫く大きな穴が空いた、ドーナツのような形だったとしたら？ その場合でも、マゼランの艦隊は、同じ場所に帰り着くことができるではないか！ だから、同じ場所に戻ったからと言って、この世界がまん丸い球だとは言い切れない！』

……ずいぶんひねくれた考えだと思われるかもしれない。だが、ポアンカレが活躍した二〇世紀の初頭といえば、人工衛星はもちろん、飛行機さえも存在しない時代である。北極点や南極点を見た人は誰ひとりいなかったのだ。北極点への到達は、一九〇九年のピアリー（アメリカ）、南極点は一九一一年のアムンゼン（ノルウェー）を待たねばならない……。つまり、極点を貫く巨大な穴が空いていないことを、当時は誰も確かめようがなかったのである。

ちなみにポアンカレがマゼラン艦隊の業績に異議を唱えた、という記録が残っているわけではない。ポアンカレは冒険家でも地理学者でもなく、あくまで数学者なのだ。当時多くの人が「マゼランの世界一周」＝「地球が丸いことの証明」と考えたかも知れないが、数学者ポアンカレならばその理屈に反論しただろうという、ポエナル博士一流のおとぎ話である。念のため。

「皆さんは、飛行機も人工衛星もない時代、地球に穴が空いているのかいないのか、どうすれば調べられると思いますか。実はポアンカレが考え出したのは、こんな方法だったのです」

ポエナル博士はそう言って、ふたつの地球儀を取り出した。ひとつは普通のまん丸い地球儀。そしてもうひとつは、真ん中に穴の空いた「ドーナツ型」の地球儀である。教授は、実際の地球がたとえどちらの形だったとしても、それをロープ一本だけで調べる方法があると言うのだ。

「まず頭の中で長い長いロープを用意し、岬に立ちます。まずロープの一端を岬にしっかりと固定し、もう一方の端を船に結びつけます。そして船はロープをつけたまま、長い航海へと出かけるのです。

船は地球をグルリと一周し、やがて帰って来ます。船がもとの場所に戻ってきたところで、あなたはそのロープの端をまた岬に結わえつけます。想像してみてください。あなたが、地球を一周する巨大な輪を摑《つか》んでいる場面を。このロープをたぐり寄せた

(上から) ロープをつけた船がロカ岬を出航し、地球を一周して戻ってきたとき、そのロープをすべて回収することができれば、地球は丸いと言える

地球の表面からロープを離さずに回収できてはじめて、地球は丸いと言える

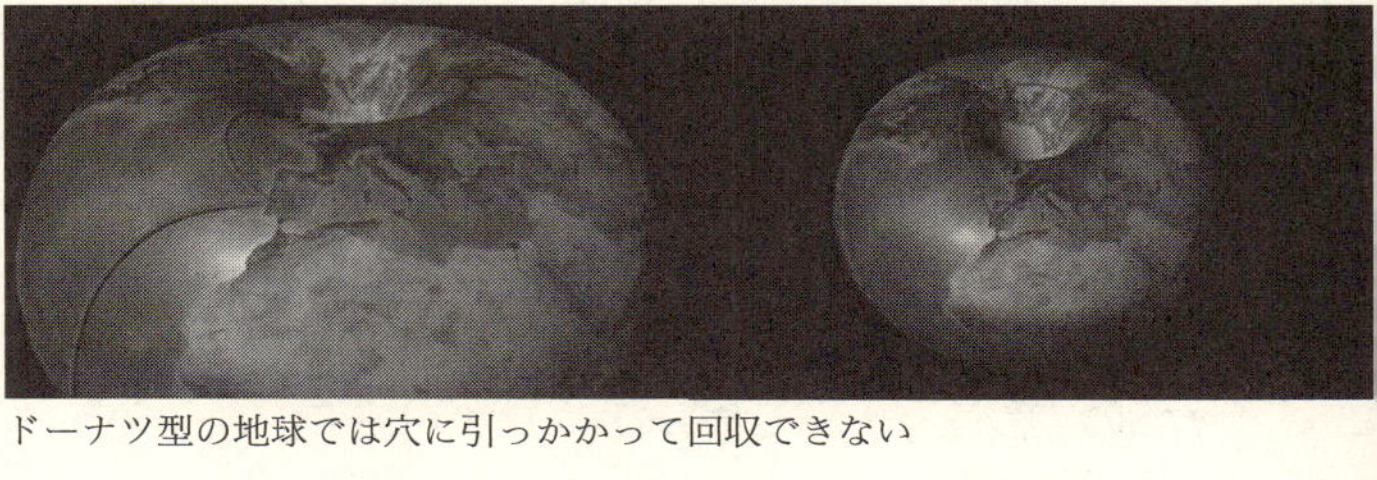

ドーナツ型の地球では穴に引っかかって回収できない

とき、手もとにすべて回収できるならば、地球は丸いと言える。ポアンカレは、そう考えたのです」

え？　そんな長いロープがあるわけがない？　ずいぶん現実的なご意見。しかしこれは、あくまでも思考実験（頭の中の実験）だと割り切ってお付き合い願いたい。ここはひとつ、ポアンカレ高校の学生たちと協力して想像のロープを引っ張ってください。

ん？　ロープがヒマラヤ山脈に引っかかる？　でもヒマラヤの高さなんて、地球の大きさに比べたら些細《ささい》なもの。そんなことを気にせず、もうしばらく引っ張り続けてみよう。どうだろう。ロープはきっと、すべて手もとに戻ってくるはずである（五一頁《ページ》・上／中写真）。

「もし地球を一周させたロープをすべて回収できれば、地球は丸いと言える。この考えが正しいことは、地球を外から眺めれば、直観的にわかります。でもポアンカレの考えが斬新《ざんしん》だったのは、たとえ地球の外から見なくても、その形が丸いかどうか、ロープ一本だけで調べられるという点だったのです！

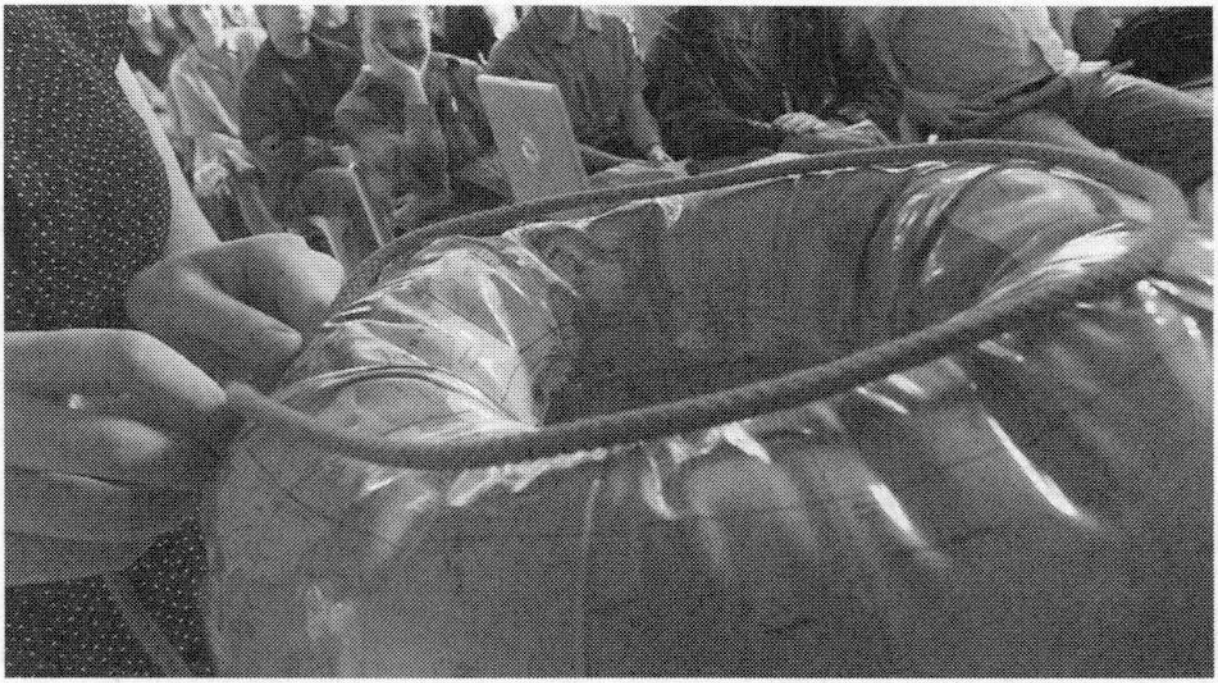

こうして回収しようとすると、ロープが地球の表面から離れてしまう！

それでは次に、もし地球がドーナツ型だったらどうなるか、やってみましょう。地球を一周させたロープを、またまた引っ張りますよ。そーれ！」

さて、今度はどうだろう？　そう。なぜかロープは回収できないのだ。

その理由は、地球の外から見てみれば一目瞭然《いちもくりょうぜん》。こんなふうに（五一頁・下左写真）、ロープが穴を通るように一周していたから、ロープが引っかかってダメだったのだ。ちなみに穴に沿ってロープを一周させた場合でも、やはり回収することはできない。

ここで、生徒のひとりが手を挙げてポエナル博士に質問した。

「先生、穴に沿ってロープを一周させた場合には、ロープを回収できそうな気がするんですけど」(五二頁・下右写真)

この質問は、ポエナル博士には想定内だったようだ。博士はひとりの生徒を教壇に呼んで、一緒に実演して見せた。

「ではドーナツ地球で試してみましょう。ロープが回収できるかな？　ロープを縮めてゆくと……、ほら、空中を舞ってしまったでしょ。それでは回収できたとは言えません。穴に沿って一周させたロープを回収しようとすると、どうやってもロープが地球の表面から離れてしまいます。ロープを地球の表面に沿って回収しない限り、地球の形を調べたことにはならないんです」

現実的に考えてみても、地球の引力に逆らって長いロープを宙に浮くように引っ張るのは難しい。つまり地球の穴に沿ってロープが一回りしている場合も、ロープを回収することはできないのだ。

「ロープを回収できれば地球は丸く、そうでなければ丸くない」

この方法なら確かに、地球を外から眺めなくても、地球が丸いかどうかをロープ一本で調べられる。どうです。数学者の想像力ってすごいと思いませんか。

宇宙の形を調べる方法

「皆さん、宇宙は手強《てごわ》い存在です。地球の場合と違って、どんなに科学技術が発達しても、私たちが宇宙の外へ出るなんてことはできません。ではさっき、地球の外に出ないでも地球の形を調べることができたように、宇宙の外に出ずに、宇宙の形を調べる方法はあるのでしょうか」

ポエナル博士の授業はいよいよ本題の、ポアンカレ予想の話に突入した。ポアンカレの探求心は「地球の形」を調べる方法だけでは飽きたらず、「宇宙の形」を調べる方法へと向かっていったのである。

そういえば、ポアンカレが宇宙の形に思いを馳《は》せていたまさにその頃、一本のフランス映画が公開され話題を呼んでいた。ジュール・ベルヌ原作の世界初のSF映画、「月世界旅行」(一九〇二年)である。ブリキでできた宇宙ロケットが国家の威信をかけて(?)月を目指すが、着陸時に月に突き刺さってしまい、お月様が泣いて痛がる——今思えば、驚くほど斬新な内容である。ポアンカレも、この映画から何らかのヒントを得たのかもしれない。

「ポアンカレが考えた『宇宙の形』を知る方法、それはいわば『宇宙ロケット』を使う方法でした。ポアンカレは、自分の頭の中でロケットにロープを結びつけ、宇宙空間に向けて飛ばしたのです。ロケットはロープをつけたまま、ひたすら自由に宇宙空間を飛び続けます。そして、宇宙を一回りして無事地球に戻ったとしましょう。想像してみてください。今あなたは、宇宙に巡らされたとてつもなく巨大な輪っかを摑んでいます。そしたらまた、ロープを引っ張るんです。そーれ！」

「もし長い長いロープがすべて回収できたとしたら、宇宙の形についてどんなことが言えるでしょうか。ここで、現実には不可能ですが、宇宙全体を外から眺めることができたら、と想像してみましょう。もしロープを必ず回収できるなら、地球の場合と同じで、宇宙空間には穴や綻《ほころ》びがなく、いわば『丸い』と言えるのではないか。ポアンカレは、そう予想したのです。

一方、もしロープが引っかかってしまって回収できない場合はどうでしょう。そのときには、宇宙空間を貫く巨大な穴があるのかもしれません。この場合、宇宙はいわばドーナツ型で、丸いとは言えません」

こうして、たった一本のロープを使うだけで「宇宙の形が丸いか、丸くないか」を確認できるはずだとポアンカレは考えた。

これを数学的に表現したのが、「ポアンカレ予想」である。一九〇四年、ポアンカレはこの予想が正しいかどうか、数学界へと問いかけた。そしてこの予想が正しいことを示すまでに、数学者たちは一〇〇年以上の歳月を費やしたのである。

「もちろん、宇宙は三次元的に広がっているので、問題は地球の場合ほど単純ではありません。でもポアンカレ予想とは、要するに、こうすれば宇宙が丸いことを示せるのではないか？　という問いかけなのです。『地球の表面』が『宇宙空間』に変わったことで、問題の難易度は飛躍的に高くなったのです」

ポアンカレ予想はなぜ難しいのか。ポエナル博士によれば、それはふたつの難しさが混在しているからだという。

ひとつは「地球が丸い」ことをロープで確かめる方法を、当たり前で簡単なことだと思ってしまうことだ。私たちはすでに、地球を外から見て「丸い」とわかっている。ポアンカレの発想の凄《すご》さは、いわば「地球を外から見る手段を持たず、その全体像を想像できない」という状況の中で形を確かめる術《すべ》を見つけたことにあるのだが、一度知ってしまった私たちには、何が凄いのかを想像することさえ難しいのだ。

もうひとつは、私たちが「宇宙の形」を絶対に想像できないこと。現代の科学技術では、人類が宇宙の外に出ることは叶《かな》わないからだ。

ポエナル博士は授業の最後、地球儀にアリの絵を描いてこう説明した。

「地球の表面にいるアリが地球の『形』を知るのは、とても難しいことです。地球の外には出られませんからね。同じように、人間は宇宙の外に出ることはできません。ところがポアンカレは、宇宙の外に出なくても、宇宙の形を知る手がかりがあるはずだと予想したのです」

ポアンカレ予想の難解さを、少しでも感じていただけただろうか。

＊「宇宙が丸い」とは？

「宇宙が丸い」といわれてあなたは何を想像するだろうか？　もしかすると「地球が丸い」「ミカンが丸い」のと同じように、宇宙空間全体が三次元の丸い球のようなものだと考えたかもしれない。それとも子どものころのこんな疑問を思い出すかもしれない。

「もし宇宙空間が三次元の丸い球だったら、宇宙には行き止まりがあるはずだ。でも行き止まりの外はいったいどうなっているの？」

そう。宇宙は地球のようなわかりやすい形で「丸い」ということはあり得ないのだ。本書でいう「宇宙が丸い」は少しややこしいので、おなじみの「地球」との比較で考えてみたい。

私たちがふだん、「地球の表面は丸い」と実感する場面は少ない。あくまでも「平ら」だと考えて日常生活に何の支障もないからだ。地球の表面が本当に「平ら」だったとしたらそれは無限に続く平面を意味し、ある地点からまっすぐ歩き始めたが最後、二度と同じ場所には戻ってこられないはずである。だが、地球上をまっすぐ進めばい

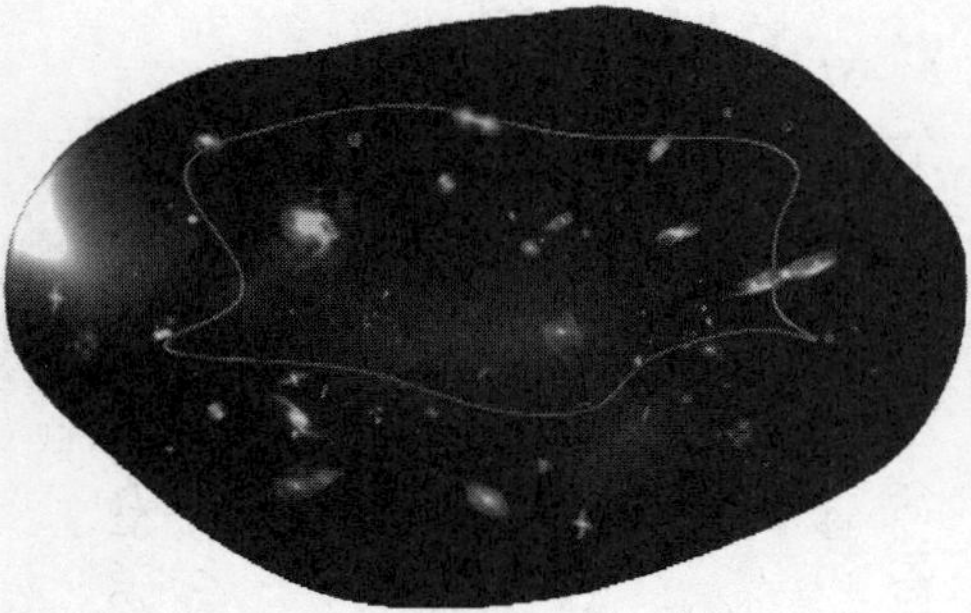

つかはもとに戻ってこられることを私たちは知っている。同じ場所に戻ってこられるのは、実際には「地球が丸く」「地球表面が閉じている」からに他ならない（地球がひとつ穴のドーナツなら戻ってはこられるが……）。

それに対し「宇宙が丸い」場合には、自分が宇宙空間をまっすぐに進んでいたのに、知らないうちに同じ場所に戻ってきてしまうということが起こりうる。地球の場合は「表面（二次元）」をまっすぐ歩いていけばもとに戻るのだが、宇宙の場合は「宇宙空間（三次元）」をまっすぐに飛んでいてもとに戻ってしまうのである。

例えばこの「丸い宇宙」では、宇宙空間に向かってまっすぐに発射した銃の弾が、どこかで曲がったわけでもないのに、いずれ自分の後頭部に当たってしまうことだって考えられるのだ。では、宇宙はどこかで歪《ゆが》んでいるのか？　全体像はどんな形なのか？
そこが難しい。それを知るためにポアンカレ予想があり、数学があるのだ。

＊ポアンカレ予想と宇宙の関係は？

数学の命題であるはずのポアンカレ予想が、なぜ宇宙の形にかかわるのだろうか？　不思議に思っている方のために、なるべく数学的な表現から逃げないようにしてポアンカレ予想をひもといてみよう。

本来の記述は、「単連結な三次元閉多様体は、三次元球面に同相である」。聞き慣れない単語を、それぞれ少しずつ言い換えてみる。

・単連結＝その表面にロープをかけたとき必ず回収できる
・三次元閉多様体＝四次元空間の表面
・三次元球面＝丸い四次元空間（四次元球）の表面
・同相＝同じ

全部合わせると、こう読み換えられる。

「ロープをかけたとき必ず回収できる四次元空間の表面は、四次元球の表面と同じである」

これでもかなりややこしいので、角度を変えて話を進めよう。

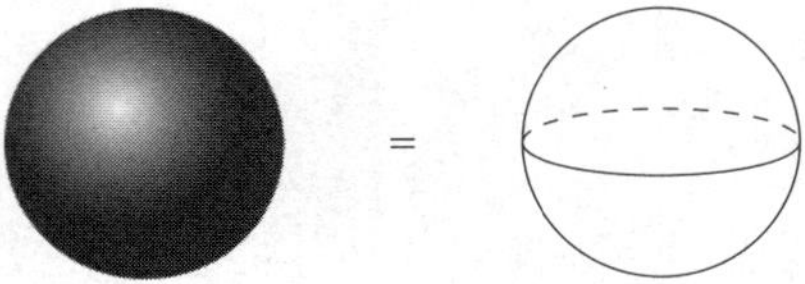

「３次元球」の表面　　「２次元球面」

地球やミカンのような真ん丸い球は、数学的に「三次元球」と呼ばれる。三次元の世界に存在する球なのだから、この呼び方に違和感のある方は少ないだろう。そしてこの三次元球の表面（地球でいえば、私たちの住む地表。ミカンでいえば、皮の部分）を、数学的には「二次元球面」と呼ぶ。なぜ二次元かといえば、三次元球の表面にある点の位置はふたつの数字の組み合わせだけで完全に特定できるからである。地球でいえば「緯度」と「経度」というふたつの数字さえあれば、地表のすべての位置を説明できるのと同じだ。だから、「三次元球の表面は、二次元球面」なのである。

数学的には、これと全く同じ理屈で「四次元球の表面が、三次元球面」ということができる。*

つまり、ポアンカレ予想に出てくる三次元球面という言葉は、「四次元球の表面」を意味するのである。これで話はもとに戻る。

「ロープをかけたとき必ず回収できる四次元空間の表面は、四次元球の表面と同じである」と読み換えられるポアンカレ予想。それは、いわば四次元宇宙（空間）の表面の形についての問いなのだ。ややこしいけれど、面白いと思いませんか？

＊この説明は当たり前のようだが、実は直観に頼っており、数学的には証明が必要。実際、二〇世紀半ばに証明が与えられ、その後、ルネ・トムによる一般次元への壮大な理論へ発展した。

(1) ポアンカレは、『科学と仮説』『科学の価値』『科学と方法』『晩年の思想』の四冊の「思想集」を出版している。

(2) 第一次大戦下、イギリスの将軍が数学者のバートランド・ラッセルに「今フランスで一番偉大な人物は誰かね」と尋ねたところ、ラッセルは即座に「ポアンカレです」と答えた。将軍がフランス大統領のレイモン・ポアンカレのことかと勘違いして、「ほう、あの男がね……」と答えたところ、ラッセルは「いや、数学者のアンリ・ポアンカレの方ですよ」と言ったという逸話が残されている。

第3章　古典数学 vs. トポロジー

数学のアール・ヌーヴォー

ところで皆さん。丸いとか、ドーナツだとか、ロープを巡らせるとか……。これが本当に数学の話なの？　と疑問に感じていませんか。どうして、XとかYとか、微分積分とか、難しい記号が出てこないんだろう？　と。

確かにポアンカレ予想に出てくる言葉や概念は、中学校や高校で習った数学とはちょっと違うようだ。少し寄り道して、その秘密を探ってみよう。

二〇世紀初頭の数学者、特に図形を扱う「幾何学」の専門家から見ると、パリの街角は左ページの写真のように見えたかも知れない。そう、XやY、そして微分記号が支配する「微分幾何学」の世界だ。微分幾何学は当時、幾何学における主流の考え方だったのだ。いま私たちが学校で習っている図形の数学も、これに基づいていると言える。

幾何学の専門家にはパリの街がこんなふうに見えていた？

この「微分幾何学」の源流を辿《たど》ってゆくと、時代はさらに昔、一七世紀まで遡《さかのぼ》る。

イギリスの誇る万能科学者アイザック・ニュートン（一六四二〜一七二七）。数学・物理学・天文学を自在に操った「知の巨人」である。このニュートンが生んだ微分積分が、その後、図形を扱う微分幾何学の基礎となっていったのだ[1]。

いっぽうニュートンに遅れること二〇〇年。フランスに生まれ、ニュートンと同じように物理学や天文学を修めた二〇世紀の「知の巨人」、ポアンカレは考えた。

「微分幾何学では、とらえどころのない宇宙の形は理解できない。まったく違った発想が必要だ」

こうして生み出されたのが「位相幾何学（トポロジー）」と呼ばれる新しい図形のとらえ方だっ

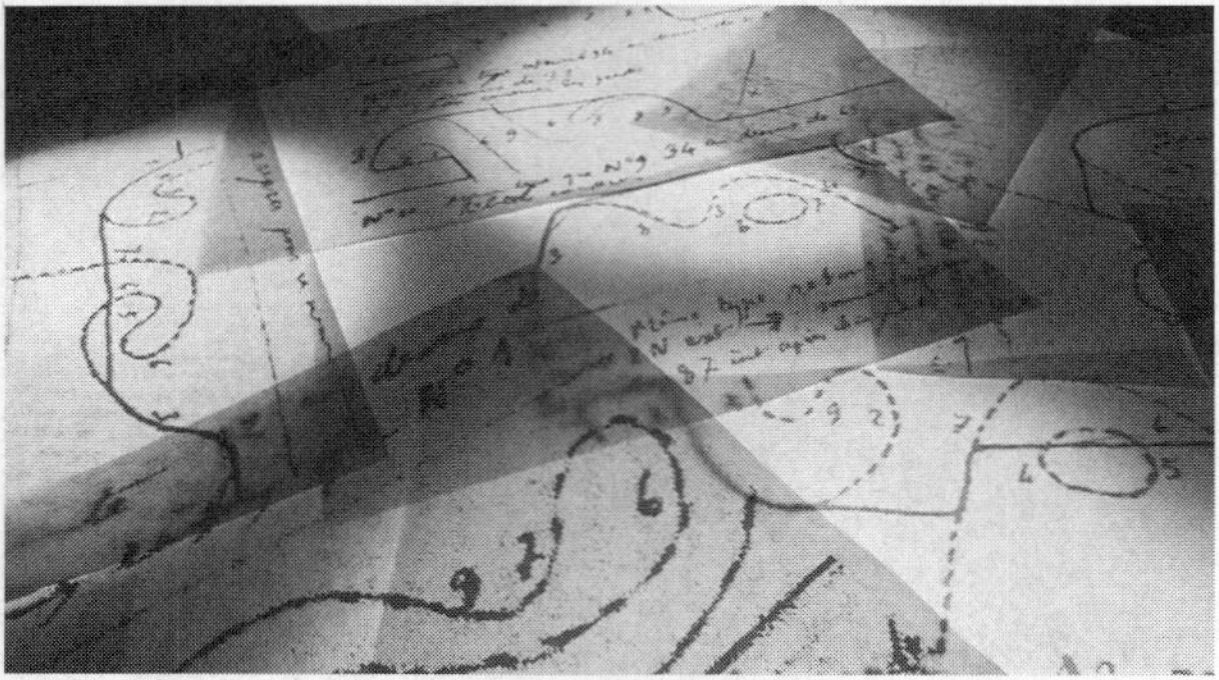

ポアンカレが残したノートの断片

た。ポアンカレが残したノートや論文には、従来の数学からは考えられないグニャグニャと曲がりくねった奇妙な形がぎっしりと並んでいる。宇宙の形を問いかける「ポアンカレ予想」には、このくらい斬新《ざんしん》な数学が必要だったのかもしれない。

だが、彼がこんな数学の新分野を生み出したのは、偶然からだという説もある。

「ポアンカレが絵がうまくないのは有名でした。図が大ざっぱで、○や△の区別すらつかなかったというのです。それがトポロジーの性質にちょうど合っていたのです」（ナンシー大学　ゲルハルト・ハインツマン教授）

ポアンカレにとって、長さや角度の微妙な違いで「形が違う」と規定する従来の数学はあまりに厳密で、四角四面に思えた。そこで自らの弱点を逆手に取り、堅苦しい古典的な数学とは別の世界を構築しようとした、というのだ。

アール・ヌーヴォー華やかなりし二〇世紀初頭のフランスで生み出されたトポロジー。この「グニャグニャ数学」はまさに、数学界のアール・ヌーヴォーだった。

続いてはこの「グニャグニャ数学」の真髄をお見せしよう。

トポロジーの魔法

「トポロジーの世界へようこそ！　これは、一〇〇年前にポアンカレが開拓したまったく新しい数学です。トポロジーの世界では、ドーナツとティーカップ、このふたつは同じ形なのです！」

アンリ・ポアンカレ高校での特別授業から一週間、私たちはヴァレンティン・ポエナル博士の「課外授業」をパリのカフェで撮影していた。ポアンカレ予想を語るなら、その基礎となる「トポロジー」についても語らねばならない、と博士は言うのだ。

「トポロジーでは、難しい方程式は使いません。モノの捉《とら》え方が大雑把で、とても柔らかいのです。ポアンカレ予想が一見変わって見えるのは、この新しい数学・トポロジーの分野の問題だからです」

微分幾何学では、これらの図形は異なるものとされる

そこまで話して、ポエナル博士はドーナツをほおばった。

ポエナル博士によれば、ポアンカレ以前の古い数学、言い換えればトポロジー（位相幾何学）以前の微分幾何学では、モノの形が細かく分類されていたという。

例えば、球と円錐《えんすい》と円柱。これらはそれぞれ「違う図形」として定義される。また同じ円錐でも、高さや半径などが少しでも異なれば、やはり違う図形として扱われる。微分幾何学は距離（長さ）や角度が違えば「形も違う」と考える、いわば「固い数学」なのだ。

ちなみに、私たちが学校教育で教わる「形」の概念は、微分幾何学に基本を置いていることになる。

だが驚くなかれ、「柔らかい数学」ともよばれるトポロジーの世界では、球と円錐と円柱は全部「同じ形」になってしまうのだという。高さや半径が違うなどという理由で円錐どうしをいちいち区別したりしないのである。

さて、ドーナツに続いて紅茶をひと口で飲み干すと、ポエナル博士は本題に入った。目の前のテーブルにはティーカップとドーナツの皿、スプーン、そしてティーポットが並んでいる。

「皆さんがご存じの古い数学では、このテーブルの上の物はそれぞれ異なる図形としてとらえられるはずです。しかしトポロジーではどうでしょう。このテーブルの上にあるものを、トポロジーの視点で分類してみましょう。

いいですか。実はスプーンとお皿、そしてティーポットの蓋《ふた》はすべて同じ形なのです。

ティーカップは先ほど食べたドーナツと同じ形。そしてティーポット本体は、また別の形です。そのわけは、こうすればわかります」

博士がそう言うやいなや、テーブル上の物体が粘土細工のように変形し始めた。皿とスプーン、そしてティーポットの蓋は、まん丸い「球」になった。ティーカップは、取っ手の穴の部分を中心に変形してドーナツ状に。そしてティーポットは、なんと穴がふたつあるドーナツに変形してしまった！

「どうです？　ポアンカレは、細かい形の違いを気にせず、穴の数が同じならば同じ形とみなそう……と提唱したのです。トポロジーでは、穴の数が大切なんです」

と、博士が突然すっとん狂な声をあげた。

「おーっと！　さっきの私の説明に間違いがありました。このティーポットの蓋に開いた小さな穴を見逃していました。ですから、これはティーカップやドーナツと同じ形ですね……」

「従来の数学が固い鉄でできているとすれば、トポロジーは自由に伸び縮みするゴムでできています。それまでモノの『量』を問題にしていた幾何学が、『質』を問うようになったのです。まさに革命でした。

目をつぶって、モノの形を手触りだけで見分ける場面を想像してもらうと、少しわかりやすいかも知れません。もしも、デザインがまったく同じで、少しだけ大きさの違うふたつのティーカップがあったとしましょう。手で触っただけでその違いを見分けるのは難しいはずです。しかし、片方のカップの取っ手を外してしまえば、ふたつは明らかに違うとわかる。片方は指が引っかかりますが、もう片方はそうでないからです。

『穴があるか、ないか』を形の基準とすれば、ドーナツとティーカップは同じだと、触っただけでわかるし、湯飲みとティーカップとは違うモノだとわかるでしょう。これはいささか大ざっぱな説明かも知れませんが、ポアンカレはこうして見事にモノの形の本質を捉えることに成功したのです」

テーブルの上のティーカップは跡形もなく消え、代わりに白いドーナツが残されていた。博士は、その穴を覗《のぞ》き込んでイタズラっぽく笑った。

「この世の中をトポロジーの視点で見てみると、景色がガラリと変わりますよ」

私たちはしばしこの魔法のドーナツを拝借して、パリの風景を「ドーナツ」や「球」に変えて楽しんだ。皆さんも魔法のドーナツで身のまわりを覗いてみてはいかが？

「ポアンカレ予想」という悪夢

すっかり紹介が遅れたが、ヴァレンティン・ポエナル博士はトポロジー（位相幾何

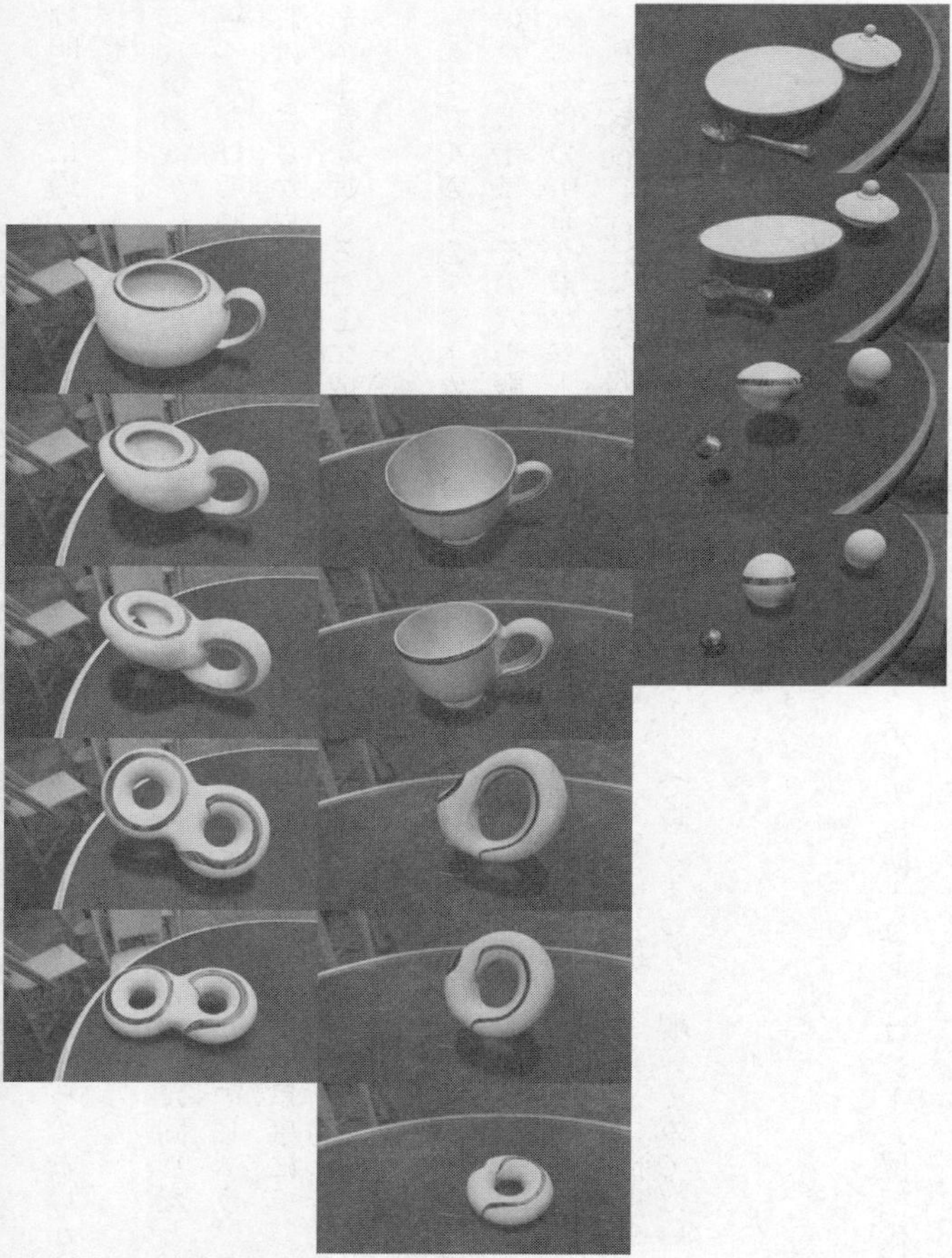

テーブル上の食器をトポロジーで分類すると……

街をトポロジーの視点で見てみよう

学）を専門とする数学者である。一九三二年ルーマニアに生まれ、一九六二年にフランスに亡命。アメリカ留学などを経て、パリ・オルセー大学で教授を務めた。ポアンカレ予想について五〇年来の研究を続け、七六歳になる今でも各地で精力的に講演活動などをおこなっている。

――ペレリマン博士がポアンカレ予想を解いたと聞いたとき、どう思いましたか。

「彼が証明したという噂《うわさ》があったとき、私はひどく動揺し、丸三週間、何もできませんでした。その後、自分を取り戻したのですが、それは友人が懸命に私を励ましてくれたからです。そこで、『仕事に戻ろう。彼が何をしたかは忘れて、自分のプロジェクトを続けよう』と決めました」

――ポアンカレ予想を初めて知ったのは？

「一冊の本との出会いです。その本は一九三〇年代、ザイフェルトとトレルファルというドイツ人数学者によって書かれたもので、その中で二人はポアンカレ予想について論じています。私が知っている範囲では、少なくとも一〇人以上の数学者が、この本でポアンカレ予想を知ったと言っています。ギリシャのパパキリアコプーロスもそのひとりだと思います」

――ポアンカレ予想の魅力は何ですか。

「何十年も前、それを初めて見たとき直感しました。今ではなぜ重要なのかがわかっていますが、当時は『これは重要な問題に違いない』と閃《ひらめ》きで思ったのです。率直に言って、ポアンカレ自身はこれが重要問題であるとは思っていなかったと思います。実際、彼の愛弟子《まなでし》たちにも重要という認識がなく、人々が興味を持つまで三〇年かかりました。有名になり始めたのは一九三〇年代で、数学者のヘンリー・ホワイトヘッドやフレビッツが、本質的な問題であると理解してからです。

代数学が表すものは、普通、幾何学と比べて大ざっぱなものです。ポアンカレ予想は、『果たして代数学は幾何学の豊かさをすべて抱えるだけの力を備えているのか？』と問い、実際にそうだろうと言っているのです。小さな問題だったら『それは正しい』で終わるでしょう。でも、ポアンカレ予想は、アインシュタインの一般相対性理論や量子力学を含むすべての学問につながります。ですから、これほど人々を魅了してきたのです」

ポアンカレ予想の重要性を「数学的に」説明されても、理解はなかなか難しい。だからこそポエナル博士は、宇宙を舞台とした説明を選んだのだろう。

アンリ・ポアンカレは、ポアンカレ予想を提唱した八年後の一九一二年、五八歳の若さでこの世を去った。レオナルド・ダ・ヴィンチやニュートンと並び称されたこの「知の巨人」はついに、自分の生んだその難問を解くことはできなかった。

ポアンカレ博士は、ポアンカレが論文の最後に書き記したという不思議な言葉を教えてくれた。

“Mais cette question nous entraînerait trop loin.”（しかしこの問題は、我々を遙《はる》か遠くの世界へと連れて行くことになるだろう）

宇宙空間の形について問いかけるポアンカレ予想。それは二〇世紀初頭の数学者にとって、あまりに斬新な問題だったのかも知れない。予想への挑戦が本格化したのは一九五〇年代。提唱されてから、実に半世紀近い歳月が必要だった。

（1）一九世紀末〜二〇世紀初頭にポアンカレが体系づけた「位相幾何学」としばしば比較される「微分幾何学」の創始者はドイツのカール・フリードリッヒ・ガウス（一七七七〜一八五五）だとするのが数学の世界では一般的である。だがアイザック・ニュートンが「知の万能選手」としてポアンカレとよく比較されること、一般的に「古典数学の象徴」としてイメージしやすいことを考慮して、本書ではニュートンを登場させた。いずれにせよ、ニュートンが生み出した「微分積分」が微分幾何学のひとつの源流となっていることは、紛れもない事実である。

第4章

1950年代

「白鯨」に食われた数学者たち

ギリシャからやってきた修行僧

アメリカ・ニュージャージー州。鬱蒼《うっそう》と生い茂る新緑の木立ちが途切れると、礼拝堂を思わせるような瀟洒《しょうしゃ》な建物が現れた。プリンストン高等研究所。数学や物理学の理論を追究する知の殿堂である。一九三〇年の創設以来、かのアルベルト・アインシュタイン、不完全性定理(1)を打ち立てたクルト・ゲーデル、そして日本の理論物理学者・湯川秀樹《ひでき》など、世界中から一流の頭脳がここに集い、新しい学問を論じ合った。

そしてふたつの世界大戦が終わって間もない一九五〇年代、プリンストン高等研究所は同じ町にあるプリンストン大学とともに「新しい数学」トポロジー研究の聖地となっていた。ヘンリー・ホワイトヘッド、ラルフ・フォックス、レフシェッツらが大物トポロジスト（トポロジー研究者）として名を馳《は》せたこの時代、特別な位置にいたのが、ギリシャ出身のクリストス・パパキリアコプーロス（一九一四〜一九七六）だった。

プリンストン高等研究所（左）と数学者パパキリアコプーロス

一九四八年、内戦で混乱する祖国ギリシャを離れて渡米したパパキリアコプーロスは、ポアンカレ予想を解くという野望を抱えていた。そして五〇年代半ば、ポアンカレ予想の証明への足がかりとなる三つの重要な定理を証明する。なかでも「デーンの補題」と呼ばれる難問を証明した論文は、美しい解法が高く評価された[2]。

最初にポアンカレ予想を解決するのはパパだと、誰もが思っていた。ちなみに「パパ」とは、名前があまりに長いために数学者仲間が付けた愛称である。

ポアンカレ予想へのこだわりを抜きにしても、パパはキャンパスの有名人だった。おそろしく時間に正確だったからだ。朝八時、カフェテリアに現れて朝食をとり、八時半に研究開始。一一時半に昼食をとって、一二時半からまた研究。午後三時にコモン・ルーム（談話室）にお茶に現れ、四時にはまたオフィスに戻る……。

当時、プリンストン大学の大学院に在籍していたシルベイン・カペル博士（現ニューヨーク大学教授）は、朝の通学のとき、いつも同じ場所でパパの姿を見かけたという。

「毎朝、パパは決まってこの小径《こみち》を歩いてきて数学棟に入りました。彼がここを通り過ぎると、まもなく八時。時計が合わせられるほど正確でした。論文を入れた小さな茶色のブリーフケースを常に持ち歩き――その中身は絶対に秘密にしていましたが――いつも生き生きした表情で、ジェスチャーつきで何かを話しながら歩いていました。何かアイデアを思いつき、それをめぐって自問自答しているように見えました。実に規則的な生活で、私が知る限りすべての時間を数学、特にトポロジーの研究に捧《ささ》げていました。彼はポアンカレ予想を解くため、他のすべてをそっちのけにしていたのです」

当時パパには、プリンストン大学から教授職の申し出があった。週に三時間だけ授業を受け持てばいいという破格の待遇だったが、パパはそれを断った。研究員として、ポアンカレ予想の証明だけに専念したいというのが理由だった。そして、そのことがますますパパを周囲の人間から遠ざけてゆく。職場の近くにアパートを借り、休みの日もどこにも出かけることなく、ポアンカレ予想と格闘していた。

いつもひとりきりで過ごすパパは、いつしか「修行僧」と呼ばれるようになった。

「朝のうち、彼はほとんど誰とも話をしません。昼食もひとりきりです。ときどき私や若い学生が彼について行きましたが、あまり邪魔されたくないようでした。いつも急いで食べて研究室に戻りたがりました。責任感が非常に強く、社会が彼に給料を払っていること、研究費を通して彼を支援していることを意識していました。教授職を外れ、学生の教育や通常せねばならない雑用を免除されていましたから、彼はそれを特権だと理解し、その恩恵を受ける以上はこの偉大な問題に全力で取り組み、いつかは解かねばと思っていたのです」

トポロジーを専攻していたカペル博士は、気難しいパパが可愛《かわい》がった数少ない若者のひとりだった。

「私は彼の息子といっても良いほどの歳《とし》で、その頃は遠慮を知らない若者でした。そのせいかも知れません、パパは機嫌が良いとよく話しかけてくれました」

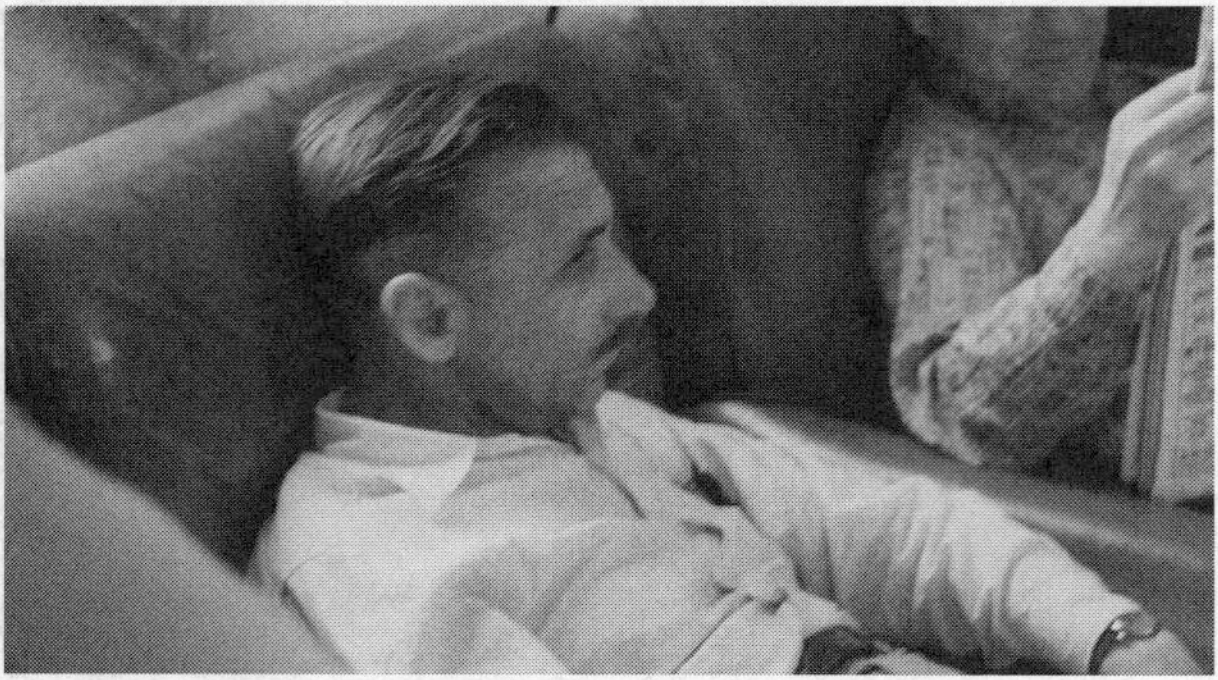

規則正しい毎日を送っていたパパ

パパが唯一《ゆいいつ》、人前に顔を出すのが午後のお茶の時間だった。プリンストンでは当時から、午後三時にはコモン・ルームに集まって紅茶を飲みながらお喋《しゃべ》りする伝統があった。数学者でも物理学者でも歴史学者でも、専門を問わずに多彩な研究者たちが集まり、最新の研究成果を語り合う。その際のパパの行動は、いつも寸分違《たが》わず同じだった。

「彼は三時きっかりに来て、コモン・ルームの暖炉の脇《わき》の同じ椅子《いす》に深々と座り、決まって『ニューヨーク・タイムズ』を読みました。それが終わると、他の人が読めるように新聞をテーブルに置き、少しだけお茶と会話に加わりました。誰かが近づくと言葉を交わしますが、自分のことは話しません。彼は自分については秘密主義で、新聞のどの部分を読んでいるかさえも、他人に知られたくないようでした。とにかく、ひとつの問題に集中するために、周囲の人が邪魔しないことを望んでいるようでした」

親しかったカペル博士ですら、パパの徹底した秘密主義には驚かされた。

「パパは引き出しに論文の原稿をしまっていました。あるとき、引き出しをわずかに開けて私に見せてくれたんです。でも、すぐにバシャッと閉めてしまいました。自分の研究のことを人に話すことも、議論をすることもないなんて寂し過ぎると思いました。なぜなら、それは数学生活の大きな楽しみのひとつだからです」

ドイツからの若きライバル

カペル博士によれば、ごく稀《まれ》にパパがティータイムに生き生きと目を輝かせることがあったという。それは「ポアンカレ予想を研究している」という若い数学者が現れたときだった。

「訪問客が自分と同じ領域を研究していると知ると、パパはエキサイトしました。そして、その数学者を昼食に招待するんです。客に声をかけるのは、なぜか私の役目でした。場所は決まってプリンストン高等研究所のカフェテリア。お客様を接待するような場所だとは到底思えませんでしたが、彼にとっては大切な公式の場だったのです」

当時、「デーンの補題」を解決したパパキリアコプーロスの仕事に刺激され、それを足がかりにポアンカレ予想に挑もうとプリンストンに集まってくる若い数学者は少なくなかった。ドイツ出身のウルフガング・ハーケン博士もそのひとりだ。

ハーケン博士と言えば思い当たる方も少なくないだろう。世界的に有名な難問「四色問題」の解決者である。「世界中のどんな地図も、四種類の色があれば塗り分けられるはずだ」というこの命題は、一八五二年にフランシス・ガスリーが提唱してから長らく未解決だった。ところが一九七六年、ハーケン博士とケネス・アッペル博士が当時まだ珍しかった電子計算機（まだ「コンピュータ」と呼べるような代物《しろもの》ではなかった）を駆使し、解決を宣言したのだ。だが、計算機というブラックボックスを使った証明結果にまったく間違いがないと言えるのか？　そもそも人間がすべての過程をチェックできないような膨大な証明を認めて良いのか？　この証明は当初疑問視され、数学界に大きな議論を呼んだ。

ともあれプリンストン高等研究所に赴任した当時、ハーケン博士はまだひとりの若きトポロジー研究者に過ぎなかった。ポアンカレ予想に最も近い男と言われたパパと、その背中を追いかけるハーケン博士は、やがて互いに激しくしのぎを削ることになる。

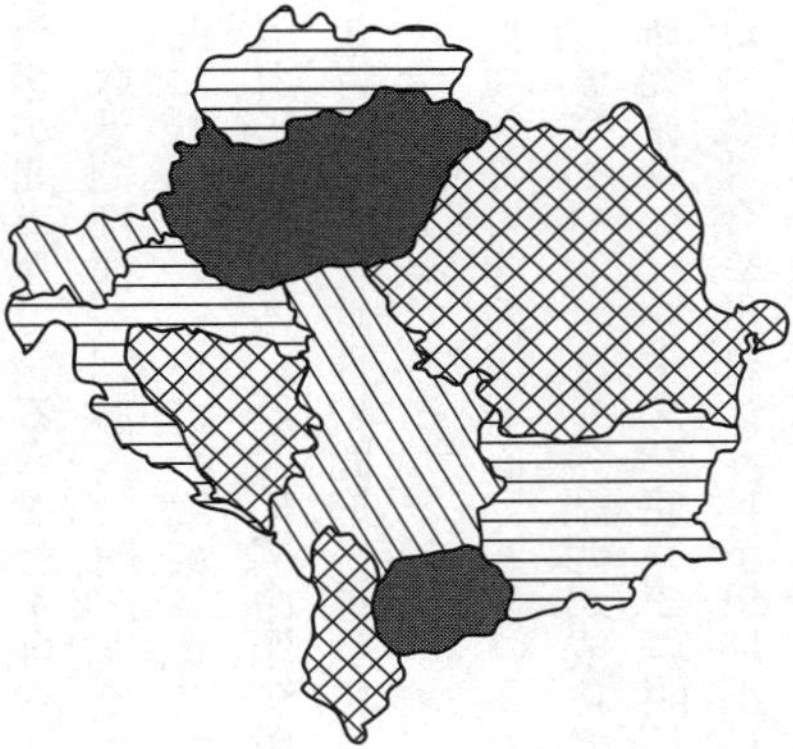
四色問題

二〇〇七年七月の、ある日曜の朝、私たちはアメリカ・シカゴ市の郊外にウルフガング・ハーケン博士（七九）を訪ねた。博士の自宅は蜂《はち》の巣を突ついたような騒ぎだった。近所に住む孫たちが遊びに来ていたのだ。ひとりがカードゲームをやりたいとせがめば、ひとりはバイオリンを弾くから聴いてほしい、またひとりは庭でトランポリンをしたいと、てんでバラバラに要求してくるので、博士は目を白黒させていた。

ハーケン博士は一〇年前にイリノイ大学を定年退官し、自宅で数学の研究を続けている。一男二女と八人の孫に恵まれ、「時間に追われることなく数学に向き合える現在が、人生で一番幸せな時期だ」と何度も言った。

博士は、私たちを二階にある書斎に案内してくれた。デスクには大きな宇宙儀とラップトップのパソコンが据え付けてあり、パソコンが絶え間なく何らかの計算結果をはじき出していた。博士の研究とコンピュータとは、今でも深い関係にあるようだ。じつはハーケン博士は、ペレリマンによる証明が失敗に終わっていたら「ポアンカレ予想が間違っている」ことを自ら証明しようと企てていたという。

数学では通常、ある命題が真である（正しい）ことを証明するためには、どんな状況においても「必ず」命題が成立するような、隙《すき》のない完璧《かんぺき》な論理の組み立てが要求される。ところが反対に、命題が偽である（間違っている）ことを示すには「反例」と呼ばれる、論理の間違いを示す具体例がひとつでも見つかれば良い。もしポアンカレ予想が「偽である」ならば、コンピュータに膨大な計算をさせれば、運良く反例が見つかる可能性がある……というのが博士の構想だった。

「まさかペレリマンの証明が成功するとは思いませんでした。私はポアンカレ予想の研究をコンピュータを使って再開しようか迷っていたのですが、その決断が遅れて良かった。今やポアンカレ予想は正しいとわかったのですから、優柔不断で研究を引き伸ばしていたおかげで、私は時間を無駄にせずに済んだわけです」

ポアンカレ予想が「真である」ことがわかった今、再びかつての泥沼にはまり込ま

ウルフガング・ハーケン博士

ずに済んだ幸運を、博士は喜んでいるようだった。

書斎のクローゼットを開けると、およそ五〇年分の古い論文が山積みになっていた。ハーケン博士はそのタイトルをひとつひとつ見せてくれた。ほとんどがポアンカレ予想に関連したものだった。

「これは確か三番目の追加論文です。証明の肝心な部分がなかなかうまくいかず、こうしてその一部だけを発表したのです。その後、いくつかの論文を続けて発表したときには、ポアンカレ予想の核心にかなり迫ったという実感がありました。もちろん、結局は間違っていたのですが……」

ハーケン博士が初めてポアンカレ予想に出会ったのは大学生のときだ。最初は非常にやさしい問題だと思ったのだが、やがて、一度入り込んだら決して抜け出すことのできない底なし沼のような存在となってゆく。

「ポアンカレ予想を初めて目にしたとき、ひどく簡単そうに見えました。『証明が見つからないのは、私がバカなのか、十分に努力していないかの、どちらかだ』と思ったほどです。若かったから……としか言いようがありません。

思えば四色問題も、似たような歴史を辿《たど》りました。一九〇〇年代初め、ドイツの有名な数学者ヘルマン・ミンコフスキーが四色問題の噂《うわさ》を聞き、『そんな簡単な問題が証明されていないのは、一級の数学者が取り組んでいないからに違いない』と考え、自ら四色問題に取り組んだのです。

当時はまだ『ゲーデルの不完全性定理』もなかった時代ですから、数学には解決できない問題があるという考え方すら存在しません。ミンコフスキーは『解決は簡単だ。単に思考が妨害され、どうやるか明確な方法が見えないだけだ』と思ったのです。しかし挑戦を一年続けたあと、彼は認めました。『神は我々に研究を続けてほしくないのであろう』と。

数学者として成功するためには、ある意味で非常に楽観的でなければならない。しかし優れた楽観主義者も、ときには大きな間違いに陥るのです」

ライバルたちの静かな闘い

この頃、ハーケン博士やパパを悩ませていたのは、宇宙空間でできるロープの結び目だった。宇宙を一回りさせたロープを回収しようとすると、いわばロープが複雑に絡《から》まり、結び目ができてしまうのだ。結び目の問題を解決しなければポアンカレ予想の証明には辿り着けない。ふたりには、どうしてもその方法がわからなかった。

「いつも証明の九八パーセントまでは簡単に辿り着くのですが、あと一歩で失敗しました。でもそのうちに解決策が見つかり、しばらくはそれに夢中になる。それがダメだとわかる頃、また他のアイデアが出てくる。そうやって精神的に振り回され、ドンドンはまりこんでいきました。最初持っていた希望はやがて絶望に代わり、最後には自分の怒りをコントロールできなくなる。それが、ポアンカレ予想の罠《わな》なのです」

(ハーケン博士)

あるとき、シルベイン・カペル博士は珍しくパパに食事に誘われた。とても興奮した様子だったという。

「パパは私に、『大きな進歩があった。ポアンカレ予想を最後まで証明したわけではないが、それに大きく近づいた』と言ったのです」

ところがその数か月後に大学で会ったときには、研究の話題を一切口にしなかった。どうやら証明に欠陥が見つかったらしかった。その頃からパパは内にこもるようになり、あまり人前に姿を現さなくなってゆく。

唯一の息抜きは、主治医に勧められた映画鑑賞だった。時には数学を忘れて別の世界に接したほうが良いと言われたのだ。生真面目《きまじめ》なパパはアドバイスを忠実に受け入れ、週に一度、必ずプリンストン大学近くの映画館に通った。

「彼は毎週決まった時間に映画館に行き、最後部の座席に座ったそうです。でも内容は何でもよかった。上映されている映画が子ども向けでも、コメディでも、ポルノでも関係なく見たのです。それだけが、彼が数学以外のことをする時間でした」

だがそんな中、衝撃的な出来事が起きてしまう。ハーケン博士がポアンカレ予想を証明したと宣言したのだ。ニュースを知ったパパは、激しく動揺した。

「パパは焦《あせ》っていました。以前からポアンカレ予想に一番近い男と言われ続けてきたプライドと周囲からの期待によって、人より先に証明しなければと思い詰めていたんです」（シルベイン・カペル博士）

ハーケン博士のもとには、情報を漏れ聞いた数学雑誌から問い合わせが殺到した。

「その論文は本当によくできていて、誰もが私が証明に成功したと思っていました。すぐに一流雑誌から『審査なしで、あなたの論文を掲載したい』という申し出を受けました。噂で証明は正しいと聞いて、大丈夫だと判断したのでしょう。幸いにもそのとき私は『いや、間違いがある可能性が残されているので、論文を誰かに審査してもらうことを望む』と答えたのです」

果たして論文提出の二日前になって、ハーケン博士は自分の論文に大きな間違いがあることを発見し、すんでのところで証明を取り下げた。このわずか数日間の出来事は、生真面目なライバル、パパの精神を激しくかき乱した。

「証明が最後の瞬間に崩壊してしまったのは、とても恥ずかしいことでした。他人に指摘されたのではなく、自分で見つけたのがせめてもの救いです。それでも、眠れない夜を三晩も過ごしたパパキリアコプーロスは、私が拙速に発表したことを激しく怒りました。私は何も言い返せませんでした」

この失敗で、ハーケン博士も追い込まれた。論文の間違いを修正しようと焦り、過

シルベイン・カペル博士

食症に陥ってしまったのだ。証明が完成できない苛立《いらだ》ちを周囲にぶつけることも多くなった。そしてついに、ハーケン博士はポアンカレ予想そのものが間違っていると信じ込むようになる。

「私はこう思いました。自分はポアンカレ予想の証明に九八パーセント近づいているどころか、遥《はる》か遠くにいるのではないかと。なにしろ、非常にシンプルな特別な例だけを取り上げても正しいと証明できないのですから。そこで私は、反例を見つける試みをシステマティックにやってみようと思いついたのです」

つまり、たとえ宇宙にまわしたロープが回収できたとしても、その宇宙が丸いとは限らないのではないか？　というのである。ハーケン博士は、当時まだ珍しかった電子計算機を使って「ロープが回収できる、丸くない宇宙の例」を探し始めた。

そしてある日、ハーケン博士はパパに自分のアイデアを打ち明けた。

「ポアンカレ予想は間違っているかもしれない、と私が言った途端、パパはこの上なく不愉快だという顔をしました。それはいわば、この世はパパにとって意味がないというのに等しいものだったからです。彼がポアンカレ予想に対して抱く宗教のような信念を打ち砕く、恐ろしい一言だったのかも知れません」


それからというもの、パパはハーケン博士の研究に過剰な警戒心を抱くようになる。カペル博士は、パパとともにハーケン博士の講義を聴きに行ったとき、パパが顔を真っ赤にして苛立つ姿を記憶している。

「そのときハーケン博士は、難問の解決にコンピュータを使用するアイデアを紹介したのです。するとパパが明らかに怒っていたので、私は彼に『そんなに興奮しないでください。ポアンカレ予想について話しているわけではないから、心配することはありません』と言いました。するとパパはまくし立てました。『彼らの真意がわからないのか？ ハーケン博士たちはコンピュータで偉大な数学の問題を解くことが可能だと、数学者たちを説得しようとしているんだ。もしかしたら来週、彼らは、ポアンカレ予想をコンピュータで解いたと主張するかもしれない。今それを受け入れてしまったら、そのときになって反論できるかね。彼らは間違いなく、探りを入れているんだ』と言うのです。

次の週、コモン・ルームのいつもの場所で平穏に座っているパパを見つけました。もう苛立ってはいませんでした。私が『誰かがポアンカレ予想をコンピュータで解くのを心配していないのですか』と聞くと、彼は落ち着いて答えました。『心配したよ。でも、この週末考えたんだ。そして数学は自己防御するはずだと決めたんだ』。パパは数学の深さを信じていました。数学は長年培《つちか》われた人類の知恵の集合体で、いわばそれ自体に生命が宿っていると考えていたのです」

カペル博士はその頃、パパからある告白を聞き出している。

「なぜそんな話になったのか、もう覚えていません。あるとき彼は言いました。『若い頃にギリシャに恋人がいたが、両親に反対されて諦《あきら》めた。アメリカに来て以来、この有名で偉大な問題に自分を捧《ささ》げなければならないと感じ、それが生活の中心になっている』と。そして付け加えました。『これが解けたら、祖国に帰って自分に合う女性を探せるかもしれない。そのためにもポアンカレ予想を早く証明しなければ』と。

私は衝撃を受けました。パパには非常に独特な個性があり、ポアンカレ予想に専念する生活にはまり込んでいる人というイメージがあったからです。でも、かつては他の人間と同じように感じ、普通に悩んでいたのです。彼にも家族があり、異性関係に対する親の反応を心配していた時代があったのだ、という当たり前の現実に私は引き戻されました。彼はその強い感情を、ずっと胸の奥に閉じ込めていたのです。

パパは特定の方向に人生を捧げるユニークな決心をした変わった人だが、共感や同情といった正常な人間が持っている感情を欠いているわけではない、とようやく私は気付きました。彼がもし違う人生を選んでいたら、きっと女性を幸せにしていたことでしょう」

「ポアンカレ予想は正しい」ことを、人生すべてを擲《なげう》って証明しようとした男と、「予想は間違っている」ことを、最新のテクノロジーを使って確かめようと目論《もくろ》んだ男。

このあまりにも対照的な二人の対決はしかし、突然終わりを告げることになった。

パパが胃ガンをわずらった末に、この世を去ったのだ。

彼のアパートからは、書きかけの一六〇ページに上る遺稿が見つかった。三次元の宇宙に関する本の原稿らしきものだった。そのうちのひとつの章のタイトルには「ポアンカレ予想の証明」と書かれていた。だが、その後のページはすべて空白だったという。

パパこと、パパキリアコプーロス博士をモデルにしたギリシャのベストセラー小説がある。ギリシャ出身の作家で数学者でもあるアポストロス・ドキアディスが著した“*Uncle Petros and Goldbach's Conjecture*”(『ペトロス伯父と「ゴールドバッハの予想」』)だ。(3)

小説に登場する老数学者ペトロスは、かつて天才と謳《うた》われた人物だった。ある日、ペトロスのもとに、「僕も数学者になりたい」という若き甥《おい》が訪ねて来る。ペトロスはその甥に対し、ひとつの問題を出してこう言う。

「この問題が解けたら数学者になってよろしい。しかし、解けなかったらあきらめろ」

簡単な問題だと思い、張り切って取りかかった甥。しかし、いくら考えても解くことができない。結局甥は、ペトロスとの約束どおり、数学者への道をあきらめる。

しかし数年後、甥はその問題が、まだ誰にも解かれていない世紀の難問であったことを知り、ペトロスを激しく責め立てた。実はその問題こそ、天才と謳われたペトロスが一生を費やしても解けなかった難問だったのだ。

物語の最後、正気を失ったペトロスは難問が解けた幻想を見ながら亡《な》くなる。甥への出題は、数学の世界にはとんでもない魔物が棲《す》んでいるという警告だったのだ。

ポアンカレ予想との闘いもまた、一歩間違えば正気を失いかねない厳しい日々だったとハーケン博士は振り返る。

その中でかろうじて博士を支えたもの、それは家族のさりげない言葉だった。

「家族の皆が、私のことを『ポアンカレ病患者』と呼びました。『今お父さんはポアンカレ病にかかっているから話もできない』というふうに。でも、それが良かったのです。家族がそうやって茶化さなければ、私はますます追い込まれていたでしょう。家族がもし、『お父さんの研究は人類史上とても重要なことなんだ』などと言っていたら、最悪だったに違いありません。家族は本気で私を、日常の世界へと引き戻してくれたのです」

そしてハーケン博士はついに「ポアンカレ病」からの脱出に成功する。なんとポアンカレ予想の研究を中断し、代わりの難問を解決したのだ。

「長い間、ポアンカレ予想でひとつのアプローチにこだわりましたが、それはどうやらうまくいかないことがわかりました。ちょうどそのころ、四色問題に挑戦してみないかと数学者のハインリヒ・ヘーシュから連絡があったのです。彼が言うには、私が以前彼にアドバイスした計算機の設定の小さな変更によって、突然効率が二〇倍も良くなったとのことでした。私は思いました。『すごい。ポアンカレ予想に一年かけるより、四色問題では一日、それも午後楽しく過ごすだけで、こんなに進展できる』。そこで、鞍替《くらが》えしたらどうだろうという誘惑を感じたのです。

結局、私はポアンカレ予想では絶望のどん底に落ち込みましたが、四色問題ではどんどん成功し、ポアンカレ予想から抜け出すことができました。ポアンカレ病を重度にすることなく、回復することができたのです」

ハーケン博士が四色問題の証明に成功したのは、パパが亡くなってからわずかひと月後のことだった。

ポアンカレ病から抜け出すために、新たな難問を必要とした博士。数学者とは結局、「難問に挑み続ける」という病から逃れられない生きものなのだろうか。

ふたりの数学者の物語を取材した最後、私たちはプリンストン大学の共同墓地を訪ねた。パパキリアコプーロス博士が葬《ほうむ》られている可能性があると聞いたからだ。だが、この共同墓地に葬られているという記録は存在しなかった。アメリカに身寄りのなかったパパは、葬式すらおこなわれなかったという。生前に親しかった数学者の中にも、彼の墓の場所を正確に知る人はいない。

パパは、不幸な人生を送ったのだろうか。そうではないとカペル博士は言う。

「パパはよく私に言ったものです。自分の人生を他人に勧めようとは思わないが、自分はこれで良かったんだと。その気持ちはわかります。数学者が難問に惹《ひ》かれる気持ちは、皆同じですから。

数学者は常に、楽しみと苦痛とが織りなす日常、そして『特別な数学の世界』とのあいだを往《ゆ》き来《き》しています。数学の世界への扉を開けられる者は限られていますが、そこには永遠の真理があり、すべてを理解できる者だけが、その世界で完璧《かんぺき》な美を目撃することができるのです。まるで迷宮に迷い込んでしまったかのように、クリスタルの壁に乱反射する美しい光に数学者は思わず取り憑《つ》かれてしまうのです。

多くの数学者を凌駕《りょうが》する存在だったパパは、自分の人生のほとんどを、その『もうひとつの世界』で過ごすことに決めました。ときどき、食事とお茶のために日常の世界に出てきましたが……。彼がその世界で見つけた最高の宝物が『ポアンカレ予想』

でした。最終的にはその世界から舞い戻って、究極の美しさを見つけたよと報告したかったはずです。さぞ無念だったでしょう。しかしこれは、科学の世界ではよくある話です」

ある老数学者の述懐

一九五〇年代から六〇年代、ポアンカレ予想に取り憑かれた数学者はパパやハーケン博士だけではない。当時、プリンストン高等研究所の教授だったディーン・モンゴメリー博士（故人）はある週末、三人の数学者から別々に「ポアンカレ予想を解いたが、まだ秘密にしておいてくれ」と打ち明けられ、その真偽を確かめるのに苦労したという。

数え切れない数学者たちが、ポアンカレ予想の魔力によって人生を翻弄《ほんろう》されたのだ。

アメリカ西海岸。太平洋を望む町バークレーにひとりの数学者が暮らしている。ジョン・ストーリングス博士、七二歳。彼もまた、ポアンカレ予想の研究に半生を費やしてきたひとりである。

「僕はまだ、ペレリマンの証明が本当に正しいとは思っていないよ」

博士はぶっきらぼうに言った。ポアンカレ予想解決のニュースを、未《いま》だに信じられないというのである。

「昔のことは覚えていない。今は数学よりピアノばかり弾いているからね」

何度もそう言って博士は取材をはぐらかした。せめてピアノの演奏だけでも撮影したいと頼み込むと、ようやく承諾してくれた。ただし自宅は散らかっているからと、博士はかつての勤務先・UCバークレー（カリフォルニア大学バークレー校）へと私たちを連れて行った。

夏休み中のキャンパスに学生の姿はまばらだった。博士の服装はジーンズにスニーカー、そして肩にはリュックサック。数年前までこの大学で教鞭《きょうべん》を執っていたとは思えない、学生のようにラフな出《い》で立《た》ちだ。だが、重い糖尿病を患《わずら》っているという博士の足もとは危なげだった。

大学の音楽科に許可を得て練習室に入ると、博士はグランドピアノの前にちょこんと座り、担《かつ》いでいたリュックサックからボロボロになった楽譜を引っ張り出した。表紙には、ブラームス・バラード一〇番とあった。

出だしは悲しく荘厳《そうごん》。だが、ときおり柔らかな木漏れ日が差し込んでくるような、不思議な曲調だ。穏やかな博士の表情を見ながら聴き入っていると、ふいに演奏の手が止まった。

「ポアンカレ本人は、多くの数学者が失敗することを知っていたのではないかと思う。たくさんの仲間が、ポアンカレの遺《のこ》した予言どおり、とんでもない場所へと行ってしまったよ」

“Mais cette question nous entraînerait trop loin.”（しかしこの問題は、我々を遥《はる》か遠くの世界へと連れて行くことになるだろう）

ポアンカレが論文の最後に遺したこの言葉を、ストーリングス博士は覚えていた。

「面白い論文を見せようか」

演奏を終えると、ストーリングス博士は楽譜を入れていた同じリュックから、一冊の論文集を出した。どうやら最初から取材のために用意していてくれたようだ。

「タイトルは、‘*How not to Prove the Poincaré Conjecture*’（どうすればポアンカレ予想の証明に失敗するか）というんだ」

三〇代の頃に発表したというその論文には、ポアンカレ予想に挑戦した数学者なら誰もが感じる、底知れぬ恐ろしさが綴《つづ》られていた。一節を、博士は読んでくれた。

ジョン・ストーリングス博士

「間違っているのは明らかなのに、証明の中の欠陥に気づかない。原因は自信過剰や興奮状態、あるいは過《あやま》ちを犯すことへの恐怖により、正常な思考が邪魔されることである。こうした落とし穴に陥らない方法を、若い数学者が見つけてくれることを祈る」

難問・ポアンカレ予想はこれまでたびたび、一八五一年に書かれた小説『白鯨』（ハーマン・メルヴィル著）に登場する巨大鯨、モービー・ディックにたとえられてきた。小説では、獰猛《どうもう》で恐るべき強靭《きょうじん》さを持ったモービー・ディックに、エイハブ船長（鯨に片足を食われて義足となり、捕獲に執念を燃やす）と船員たちが命がけで立ち向かうが、結局倒せないまま、全員、海の藻屑《もくず》と消えてしまう。

ストーリングス博士の姿は、仲間たちの武勇伝を後世に語るたったひとりの生き残り、漁師のイシュメルとだぶって見えた。若き日のストーリングス博士にとっても、ポアンカレ予想は打倒すべき獲物に見えたに違いない。しかしいつしか、太刀打ちできない魔物へと姿を変えていったのだ。

世紀の難問への挑戦は、またしても次の世代へと引き継がれていったのである。

（1）ゲーデルの不完全性定理

クルト・ゲーデル（一九〇六〜一九七八）が一九三一年に発表した数学基礎論および論理学における重要な定理。数学は自己の無矛盾性を証明できないことを示したもので、正確にはふたつの定理からなる。

・第一不完全性定理
「いかなる論理体系においても、その論理体系によって作られる論理式の中に、証明することも反証することもできないものが存在する」

・第二不完全性定理
「いかなる論理体系でも、それが無矛盾であるとき、その無矛盾性をその体系の中だけでは証明できない」

「数学には、証明できない命題が存在する」ことを初めて示したこの定理は、数学界に計り知れない衝撃を与えた。「無矛盾性、完全性などが有限の立場で遠からず証明できるであろう」と宣言したドイツの大数学者ダフィット・ヒルベルト（一八六二〜一九四三）の楽観的な期待を裏切り、多くの数学者を夜も眠れぬほどの不安に陥《おとしい》れた。

(2) デーンの補題

「境界上の閉曲線が空間の内部で一点に縮められるならば、その閉曲線は円板の境界になっている」という命題。ドイツ人数学者マックス・デーンが一九一〇年に発表した。

(3) 邦訳『ペトロス伯父と「ゴールドバッハの予想」』(アポストロス・ドキアディス著　酒井武志訳　早川書房)

第5章

1960年代

クラシックを捨てよ、ロックを聴こう

時代を席巻《せっけん》した「数学の王者」トポロジー

人生をかけた挑戦をも寄せ付けない難問・ポアンカレ予想。名だたる数学者たちが翻弄《ほんろう》されればされるほどその名は世界に轟《とどろ》き、新たな挑戦者を惹《ひ》きつけた。

そしてポアンカレ予想とともに生み出された新しい数学「トポロジー」も、一九六〇年代に入ってますます多くの若き数学者を惹きつけるようになった。トポロジーは、結び目理論やグラフ理論、不動点定理、ファイバー束[1]など、名前を聞いただけではとても数学と思えない、斬新《ざんしん》で魅惑的な研究分野を次々と生み出していったのだ。

当時、アメリカ東海岸のプリンストン高等研究所やプリンストン大学と並んでトポロジー研究が盛んだったのが、西海岸の名門校UCバークレー（カリフォルニア大学バークレー校）だった。リベラルな校風で知られるUCバークレーは伝統や制度などの既成の価値観を否定する「ヒッピー・ムーヴメント」の拠点といわれ、一九六四年にはその後全世界に広がった学生運動の原点とも言われるフリースピーチ・ムーヴメント（学内での政治活動禁止令に反発した学生が、言論の自由を求めて起こした抗議運動）を生み出した。

既存の体制に飽き足らない若い数学者たちにとっては、ニュートンを源流とする古典的な数学は古くさく、色褪《いろあ》せた存在だったに違いない。トポロジーはいわば古い数学を凌駕《りょうが》し、時代の最先端に躍り出たのである。

当時大学生だったジョン・モーガン博士（現コロンビア大学数学科部長）も、迷わずトポロジーを専攻した若者のひとりだった。

「六〇年代の半ば、トポロジーはまさに『数学の王者』といった風格を備えていました。優れた定理が次々と証明され、目覚ましい進展がありました。それはほとんど、ポアンカレ予想に関係していたのです。他の分野の数学者は『トポロジーは今やすべてを証明しようとしている。私の分野は何年取り組んでも小さな茂みにしか育たないが、君たちトポロジーの花壇には美しい花が咲き誇っている』と言って我々をうらやんだものです」

この時代、フィールズ賞の多くをトポロジーの専門家が獲得し、トポロジーは数学界の中で急速に影響力を強めていった。それだけではない。トポロジーの発想は、やがて数学以外のサイエンスや実社会への応用が期待されるようになった。ルネ・トムやE・C・ジーマンが提唱した「カタストロフ理論」[2]の生物学や経済学への応用はある時期一世を風靡《ふうび》したし、「グラフ理論」は電気の回路網、情報理論、信号理論などの工学方面に利用された。最先端物理の一分野、超弦理論（超ひも理論）は「ホモトピー代数」というトポロジーの概念を取り入れたことで、飛躍的な発展を遂げた。

そう、あの頃まさにトポロジーこそが数学、ビートルズこそが音楽だった。

若き数学者たちは、叫んだ。

「クラシックなんかもう古い。時代はロックだ！」

ポアンカレ予想への奇襲作戦　――スティーブン・スメール――

一九六〇年代、ポアンカレ予想の研究に画期的なブレークスルーをもたらし、トポロジー黄金時代の扉を開いたといわれるひとりの数学者がいる。人呼んで「次元の壁を打ち破った男」、スティーブン・スメール博士である。

UCバークレーの教授だったスメール博士は、自ら学内の反戦運動の先頭に立つなど、型破りな行動で有名だった。あるときは仲間とヨットで何か月にもわたる大航海に挑み、またあるときは「私は重要な定理を、研究室ではなくビーチで考えついた」と発言して物議をかもした。

数々の伝説を持つ博士の自宅は、UCバークレーにほど近いバークレー・ヒルズと呼ばれるなだらかな丘陵地の一角にあった。サンフランシスコ湾を見下ろすこの地域は一年を通じて温暖な気候に恵まれ、過ごしやすいことで知られる高級住宅街だ。

自宅に招き入れられて少し驚いた。落ち着いた色調で統一された家具、海外で少しずつ買い求めたと思われる様々な調度、そしてBGMに流れるボサノヴァ……。それまでどちらかというと、研究にばかり夢中で身のまわりのことに無頓着《むとんじゃく》とも思える数学者の姿を目にしてきたからだろうか、隅々まで配慮の行き届いた住まいに、なぜか落ち着かない気持ちになった。

何より目を引いたのが、ガラスケースに整然と並べられた鉱物のコレクションだった。水晶やトルマリン、珍しい形をした金銀の結晶など一〇〇点近くの鉱物が逆光ぎみにライティングされてまばゆい輝きを放っていた。スメール博士は妻のクララさんとともに、四〇年ほど前から世界中の鉱物を集めているのだ。「スメール・コレクション」として収集家の間でも有名なのだという。

「こういう鉱物の複雑な形が、形を扱う数学と何か関係があるんですか」と尋ねると、ニヤリと笑って博士は答えた。

「鉱物集めの一番の目的は、投機のためだよ」

……からかわれたのだろうか。とっさに何と答えて良いかわからなかった。

博士は一年の半分をシカゴでの研究活動に励み、そしてもう半分は温暖なここカリフォルニアでバケーションを過ごすという。休みの間に、自由な発想が生まれてくるのも大きな楽しみのひとつだと話してくれた。

――数学のアイデアは、どんなときにどんな場所で生まれるのでしょうか。

「他の科学と違って、数学は研究室を必要としません。最近はコンピュータの必要性が高まっていますが、ほとんどの数学は心地良い場所で、同僚と一緒にあるいはひとりで研究できます。私は今でも、素敵な場所に行けば創造性の豊かな仕事をすることができます。会議が美しい場所で開催されると聞けば、それが参加理由になります。くつろいで楽しむことができるので。素敵な場所で数学を考えるのは楽しいものです」

スティーブン・スメール博士

――運転中や電車に乗っていたりするとき、アイデアは出てきますか。

「場所や時間は関係ありません。例えば私は、高校時代からチェスの名人と言われていました。チェスの思考は、ある意味でとても数学に似ているのです。いつも友人たちと楽しむのがブラインド・チェスでした。盤面のない場所で、口頭で駒《こま》の位置を動かして対戦するのです。そのうち、何人かの相手と同時に対戦できるようになりました。目の前にないものでも、頭の中にはっきり見える。チェスをするのに、チェス盤は必要ないのです。私が数学について考えているときの様子が、想像できると思います」

スメール博士は学生時代を通して、ポアンカレ予想とどう闘うべきなのか、長いこと考えあぐねていた。ただひとつはっきりしていたのは、先人たちとは違う攻め方が必要だということ。だが問題は、どうやって過去の過《あやま》ちを避けるかだった。

「それまで私は、数え切れないほどの失敗を見てきました。どんなに優れた数学者でも、決まって同じ失敗に陥ったのです。そしてついに、どうすれば成功の可能性が高まるのかを考えついたのです」

思い起こしてほしい。そもそもポアンカレ予想とは、こんな予想だった。

「三次元の空間である宇宙にロケットでロープを巡らせ、その輪が回収できれば宇宙は丸いと言えるはずだ」

スメール博士はこの予想を攻略するために、とんでもない一手を考えついたのである。宇宙は宇宙でも、「高次元の宇宙」にロケットを飛ばしたのだ。

「この宇宙が、もし三次元空間ではなかったとしたらどうだろう？　もし、次元の高い、四次元や五次元の空間だったとしたら？」――こう考えたわけである。

四次元？　五次元？　驚くのも無理はない。三次元に暮らす私たちはふだん、そんな世界を想像することすらないのだ。だが、スメール博士は違った。

——私たちには普通、三次元より高い次元を想像するのは困難です。数学者は、それより高い次元をどうやって考えるのでしょうか。

「数学には三次元空間や三次元球面を記述する方法があります。その記述方法に従って高次元へと拡張するだけです。人が思うほどかけ離れた思考ではありません。数学の世界における三次元の定義を応用すれば、一〇次元にだって取り組めます。数学の記述方法を自由に駆使するのです」

——高次元空間を考えるとき、その空間を実際にイメージできるということですか。例えば頭の中に「五次元」を映像で描くことができるのでしょうか。

「いいえ、正確に言うとできません。あくまで『数学的に見る』のです。三次元では、ひとつの点を三つの数で表しますね。座標（X1, X2, X3）です。これが五次元の場合、五つの数（X1, X2, X3, X4, X5）で記述できます。それが『数学的な見方』です。数学的に三次元が記述できるなら、高次元へ進むとき、例えば五次元の場合、五つの数字を使えば良い。数学の枠組みの中でなら、高次元を想像するのはたやすいことです。何も無理矢理二〇次元空間の図面を頭に描く必要などありません」

博士にインタビューしている間、大変失礼ながら「言っていることが難しすぎる……」と考えていた。英語がわからないという意味ではない。内容がわからないのである。

そして、ある数学者に言われた言葉を思い出していた。

「数学はひとつの言語だ」

数学者は、例えば英語や中国語と同じように「数学語」という特殊な言語を身につけていると考えるべきだという。その言語をマスターしなければ、数学者の言うことの真意はわからない。つまり、数学的基礎をひととおり学んでいない人間が数学者と同じ視点に立つことは容易ではない、という意味だ。

スメール博士の言う『数学的に見る』レベルに到達するには、「数学語」の力を相当磨かなければならないようだった。

そうか、「英語」という言語の壁の向こうに、さらに大きな「言語」の壁があるのだ、と意識しながら、質問を重ねた。

――二次元または三次元の空間についてだけ話していたら、宇宙の可能な形を考えるときに、それが足かせになるのでしょうか。

「ええ、そうです。宇宙の問題は四次元以上です。時空がすでに四次元なのですから。

その理由だけでも三次元を超えることは重要です。物理学者の間では一〇〇年前から考えられているのに、一部の数学者や別の分野の学者にはいまだに二次元や三次元——私たちはこれらを低次元と呼んでいます——にこだわって一生を費やす人が多くいます。こだわりも大切ですが、それはむしろ可能性を制限し、数学という概念の進化を妨げていると思います。低次元にだけ取り組むことは無意味ではありませんが、すべての次元で同じ記述ができるか否《いな》かを考えるほうが建設的です」

——あなたが高次元に取り組む理由は何ですか。より開放的で、自由だからでしょうか。いったい何に惹かれるのですか。

「私は、すべての次元で考えたいだけです。数学的概念の多くは、すべての次元で成立することで明確になり、普遍性を持ちます。一、二、三次元に成立する概念を公式化してすべての次元の可能性を追求することで概念がより明確になるのです。二、三次元だけに限った論拠では、数学的思考が自由に広がりません」

すでに皆さんもおわかりだろう。数学者という人たちは、ありもしない世界を頭の中で作り出すことが大好きなのだ。彼らにとっては、三次元の「三」を「四、五、六……」と増やしていくような「考え方の拡張」は、それほど馬鹿《ばか》げたことではない。

いや、むしろ日常茶飯事とも言える。三次元空間を理解できるなら、数学的には一〇次元の空間だって理解することができてしまうのである。そうやって「実際の映像」ではなくとも、頭の中に「数学的な映像」を生み出してしまうようなのだ。

誤解されると困るのだが、スメール博士は極めて説明上手な数学者である。少しでも私たちにわかるような言葉を選んで何度も繰り返し解説していただいたおかげで、何とか博士の伝えたいエッセンスは最低限、理解したつもりである。

「高次元」への旅が始まった

スメール博士の戦略は、まず宇宙空間が仮に五次元や六次元など、実際よりも高い次元だと考えてみて、もし「高い次元でのポアンカレ予想」（「高次元ポアンカレ予想」と呼ばれることもある）をうまく解決できたら、そのあと順番に低い次元へと進み、最後に三次元の宇宙の問題であるポアンカレ予想を攻略すれば良い、というものだった。

しかしわざわざ、三次元より高い次元のことを考える利点とはいったい何なのだろう？

話をややこしくするだけではないのか。

だがそこには、確固たる理由があったのだ。その理由は、かつて数々の数学者を悩ませた「ロープの絡《から》み合い」が、なぜか高い次元の宇宙の中では起きないからだ、というものだった。

スメール博士の考えを、身近な例を使って説明しよう。

まず頭の中に、三次元の空間を縦横無尽に駆け巡るジェットコースターを想像してほしい。ジェットコースターの全体像が頭の中に描けたら、今度は地面に視線を移し、そこに映ったレールの影を見てみよう。レールの影は互いに交差し、複雑に絡み合っているはずだ。

地面の上、つまり二次元の平面上では、レール同士がぶつかり、絡み合っているように見える。だがもう一度、視線を三次元空間に戻してみるとどうだろう。もちろんレールはぶつかり合っていない。

おわかりだろうか？　二次元の世界の中ではぶつかり合ってしまうレールも、それより次元が高い三次元の世界ではぶつからないのである。

それと同じように、三次元空間の中ではなかなかほどけなかったロープの絡みが、それより次元が高い五次元や六次元の空間の中なら簡単にほどけてしまうことを、ス

二次元（地上）に映ったジェットコースターの影はぶつかり合うが（上）、
三次元ではぶつからない（下）

メール博士は数学的に証明して見せたのである。

一九六〇年、スメール博士はわずか三ページの論文を発表し、世界をあっと言わせた。タイトルは、'*The Generalized Poincaré Conjecture In Higher Dimensions*'（「高次元で一般化されたポアンカレ予想」）。

博士の証明は、これまでの説明に即して言えば、こんな内容である。

「もしN次元（N＝三、四以外）の宇宙にかけたロープをすべて回収できるなら、N次元宇宙は丸い」

この証明は「五次元より次元の高い宇宙」に限って成立するもので、三次元で記述された本来のポアンカレ予想を解決できたわけではなかった。だが高次元でのトポロジー研究に新しい活路を開いたスメール博士は、輝かしい異名を得た。その名も「次元の壁を打ち破った男」。

論文を発表した当時、博士はブラジルのリオデジャネイロ数学研究所に籍を置いていた。リオの海岸で寝そべっていたとき、高次元の発想が浮かんだというのは、あまりにも有名なエピソードである。

「転機は、正にリオでした。リオの海岸です。私は当時、力学系の問題をトポロジーと同時進行で考えていました。常微分方程式で、多様体における勾配流のダイナミクスを考えていたのです。そこから、トポロジーを解明するのに有用な多様体上の構造を思いつき、ポアンカレ予想の解決も視野に入ってきました。その時点で、私は力学系的視点からトポロジーを目標とした視点へと転換し、わずか数週間で証明の基本的なアイデアを得たのです」

三次元の宇宙の問題であるポアンカレ予想を、高い次元から順に攻めてみようというスメール博士の試みは高く評価され、一九六六年のフィールズ賞に輝いた。その年、フィールズ賞授賞式のおこなわれたモスクワ大学でスメール博士は、またしても「伝説」を作った。「アメリカの北ベトナム爆撃と、かつてのソ連のハンガリー侵攻には正義がない」(八月二六日付「ニューヨーク・タイムズ」紙)と発言し、ソ連当局に連行されたのだ。

――あなたが一九六六年にモスクワでフィールズ賞を受賞したとき、またひとつ、エピソードが生まれましたね。

「モスクワ大学での記者会見は、大きな混乱を招きました。私がインタビューを終えたとき、ロシア人が丁重に私を引き留め、そこに国際数学者会議の責任者が急遽《きゅうきょ》やってきて――大統領ではありませんでしたが――その人から、ある政府高官が私に会いたがっていると伝えられました。断るわけにはいきません。彼らに案内されてその場から去ることになり、友人や報道陣も私の後をついて来ようとしましたが、私を乗せた車は猛スピードで会場から離れました。それから博物館などに案内されました。彼らは私に親切でしたが、私への本の贈呈や市内の案内などを、間際《まぎわ》になって決めたのは明らかでした。私は無言の大きな圧力を感じ取りました」

――ソ連当局があなたを呼び出して、市内見物に連れて行った理由は何だったのですか。

「彼らは窮地に追い込まれそうな危険を感じたのでしょう。予想もしなかった出来事だったので。私が会見にソ連の報道陣も招いたので少しは予感していたかも知れませんが、狼狽《ろうばい》したと思います。でも会見を阻止はしませんでした。私が、話し終わるまで待ってほしいと宣言しましたから。それに、まわりには大勢の観客がいました。とにかく、私は話し終えました。フィールズ賞を受賞したばかりだったので、結局は当局も私に対して何もできませんでした」

――なぜあなたは、この機会を選んでベトナム戦争の話をすることにしたのですか。

「そもそも、北ベトナムの数学者と会議中に話したことがきっかけでした。その人はベトナム戦争に反対する私の意見に関心を持ちました。そこへ北ベトナムの報道陣からインタビューの依頼があったので、それに応じて意見を述べただけです。しかし一国の報道陣だけに応じて誤解されたくなかった。完全にオープンにすることで、真実の会見として、様々な報道陣の見解が報道されることを私は願ったのです。それがあのときの状況です」

――四年に一度しか与えられないフィールズ賞を受賞したときは、どんな心境でしたか。

「世界中、とくにアメリカで大きな注目を浴び、数々の大学からポストの申し出がありました。とても興奮しましたよ。とにかく魅力的な職の申し出があったことが、私にとって一番嬉《うれ》しいことでした」

――フィールズ賞の受賞をペレリマン博士は辞退しましたが、同じ受賞者としてどう思いますか。

「それは私のスタイルではありません。私は何かに憤慨しても、自分を傷つけることはしません。彼の怒りは理解できないわけでもないですが。おそらく彼の心の中では、辞退したほうが気が楽だったのでしょう。その決定には何も言えません。私だったらしない、というだけです」

どうやら話の筋が大きくそれてしまったようだ。

ともあれ、スメール博士の証明によってポアンカレ予想の研究には「高次元の宇宙」への扉が大きく開かれた。その後すぐに、ジョン・ストーリングス博士がまったく違うアプローチで「七次元以上の宇宙」でポアンカレ予想を証明し、さらにイギリスのE・C・ジーマン博士が「五、六次元の宇宙」でのポアンカレ予想を証明して見せた。

そして、さらにマイケル・フリードマン博士が「仮に宇宙が四次元空間だとすれば、やはりヒモが絡まず回収できる」ことを証明。この研究もフィールズ賞を受賞した。

いずれもポアンカレ予想そのものを解決したわけではなかったが、当時は「ポアンカレ予想に触れれば、フィールズ賞がとれる」（コロンビア大学ジョン・モーガン博士）という雰囲気だった。

七次元↓六次元↓五次元↓四次元と来たのだから、三次元の宇宙の問題であるポアンカレ予想の解決も時間の問題だ……。そんな雰囲気が数学界に漂い始めた。

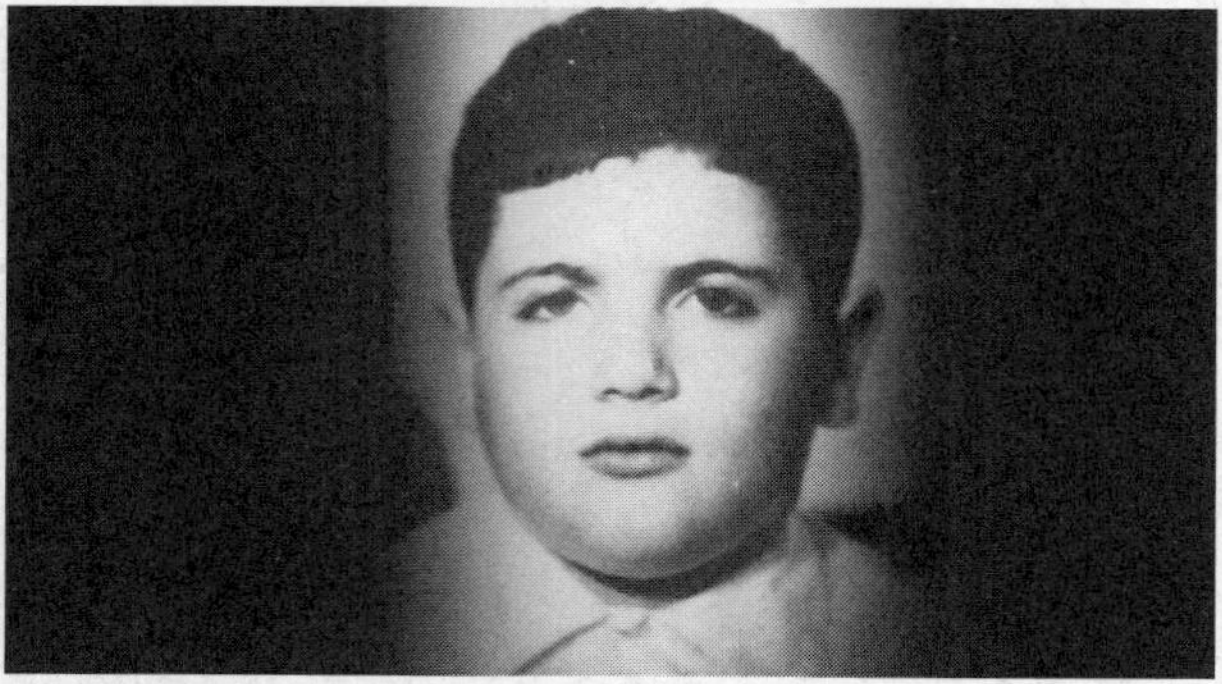

幼い頃のペレリマン博士。愛称グリーシャ

天才少年誕生

スメール博士がモスクワでフィールズ賞を受賞したちょうどその年、同じソ連のサンクトペテルブルクで、ひとりの男の子が産声《うぶごえ》を上げていた。グリゴリ・ペレリマン、愛称はグリーシャ。両親ともユダヤ系の移民で教育熱心だった。数学教師をしていた母が、幼い頃からグリーシャに数学の英才教育を受けさせたという。

彼は近所の子どもたちと全然遊ばず、学校の行事にもほとんど参加しなかった。忙しかったからである。学校以外に週二回、数学のサークルに通い、土日には地域で開かれる数学の模擬試験を必ず受けていた。

やがてサンクトペテルブルク第二三九高校（数学・物理の専門学校）に進学したペレリマン少年

は、そこで圧倒的な才能を発揮した。校内の階段の踊り場に掲示されている優秀な卒業生の名前。一九八二年と書かれた下に「グリゴリ・ペレリマン」の文字が刻まれている。この年、ペレリマン少年はソ連国内の数学コンクールを勝ち抜き、最年少の一六歳で国際数学オリンピックの出場権を獲得したのだ。

ずば抜けた優秀さに加えて、世話好きで明るい性格を兼ね備えていたペレリマン少年は、最年少にもかかわらず国際数学オリンピックチームのリーダーを任された。

「彼は笑い上戸《じょうご》で、友人がくだらない冗談を言うと、すぐに笑いが止まらなくなってしまうんです。その反面、下品なジョークには顔を真っ赤にして怒っていました。友人が困っているとすぐに相談に乗る、しっかりした少年でした」

そう語るアレクサンドル・アブラモフ先生は、一九八二年、ブダペストで行われた国際数学オリンピックでソ連チームの団長をつとめ、大会前に全国から秀才たちが集まって行われる一か月の強化合宿を指導した。当時、この数学オリンピックはソ連にとって「国威発揚」の大切な舞台だったという。

「これが一九八二年の順位表です。ご覧のとおり、私たちソ連チームは粘り強く根気のいる戦いを強いられました。優勝した西ドイツは一六八点中一四五点を獲得し、我々は一点差で惜しくも二位でした。次いで、東ドイツ、アメリカ合衆国、僅差《きんさ》でベトナムが続きます。上位の国と六位以下の国々とは大きな差があります。数学オリンピックは本格的なスポーツさながらの、真剣なチーム競技でした」

国際数学オリンピックは、各国四人の代表が一人四二点満点の課題に挑戦し、チームの合計点で勝敗を争う団体戦である。当時、東西冷戦のまっただ中にあったことを考えると、上位国の顔ぶれがとても意味ありげに見える。この年、ペレリマン少年は満点の四二点をとって個人の金メダルを獲得。チームの躍進に大きく貢献した。

数学オリンピックに出場した子どもたちの中でも、ペレリマン少年はひときわ目を引く存在だった。問題を解くスピードが抜群に速く、解答も、驚くほど短く簡潔だったからだ。アブラモフ先生はペレリマン少年の直筆の答案を取り出した。

「グリーシャの答案の下書きを見てください。こちらの生徒が何枚も紙を費やして計算をやり直しているのに対し、グリーシャはたった三行で証明を終わらせています。豊かな想像力が、シンプルかつ美しい解法を生み出しているのです」

――数学の解答というのは、短ければ短いほど良いのでしょうか。

「もちろんです。しかし、美しくて簡単な解決を導くのが一番難しいのです。才能が

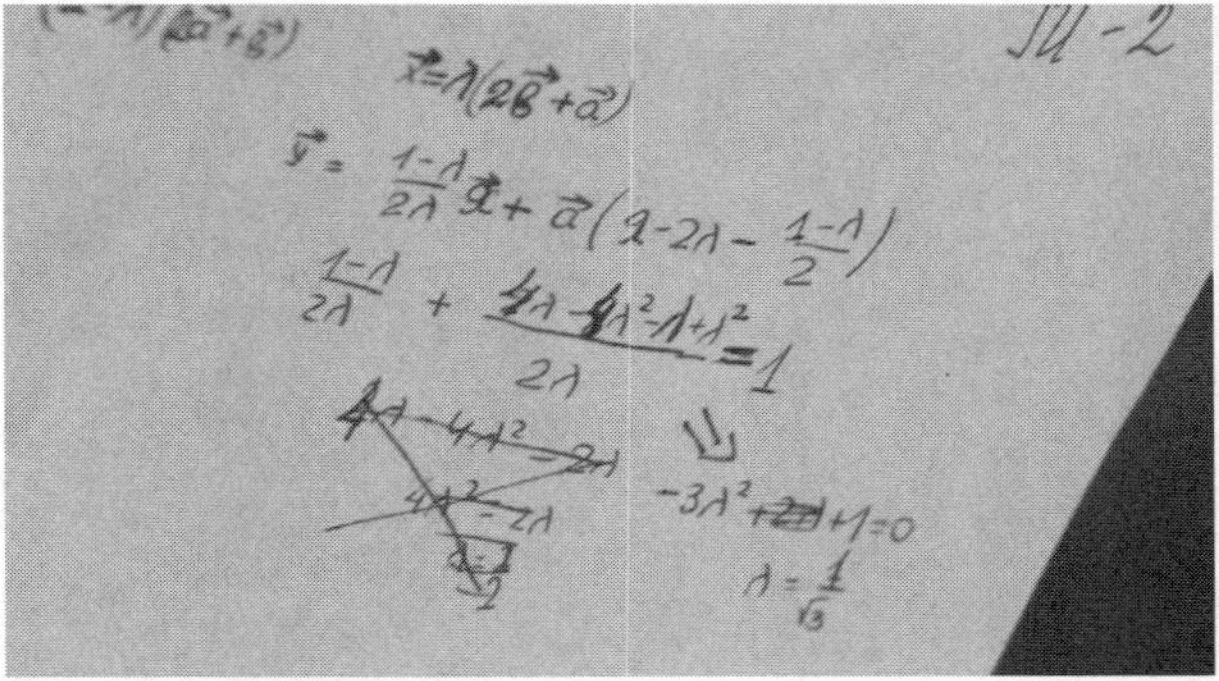

ペレリマン少年の簡潔な解答

必要です。国際数学オリンピックのように極度に緊張感の高まる激しい競争の舞台では、なおさらです」

昔の記憶が蘇《よみがえ》ってきたのだろうか、アブラモフ先生の目は次第に生き生きと輝いてきた。いたずらっぽい笑みを浮かべてソファに腰かけ、ジェスチャーを交えてこんな話を始めた。

「問題に挑むとき、グリーシャには面白い癖がありました。彼は問題を読み終えると、ズボンの腿《もも》のあたりをこすりながら、上半身を前後に揺らし始めるのです。この動きはだんだん激しくなっていきます。摩擦でズボンの色が変わってしまうほどでした。

問題が思ったより難しい場合、小さな声でメロディーを口ずさみ始めます。決まってクラシック音楽です。彼の口からクラシック以外のメ

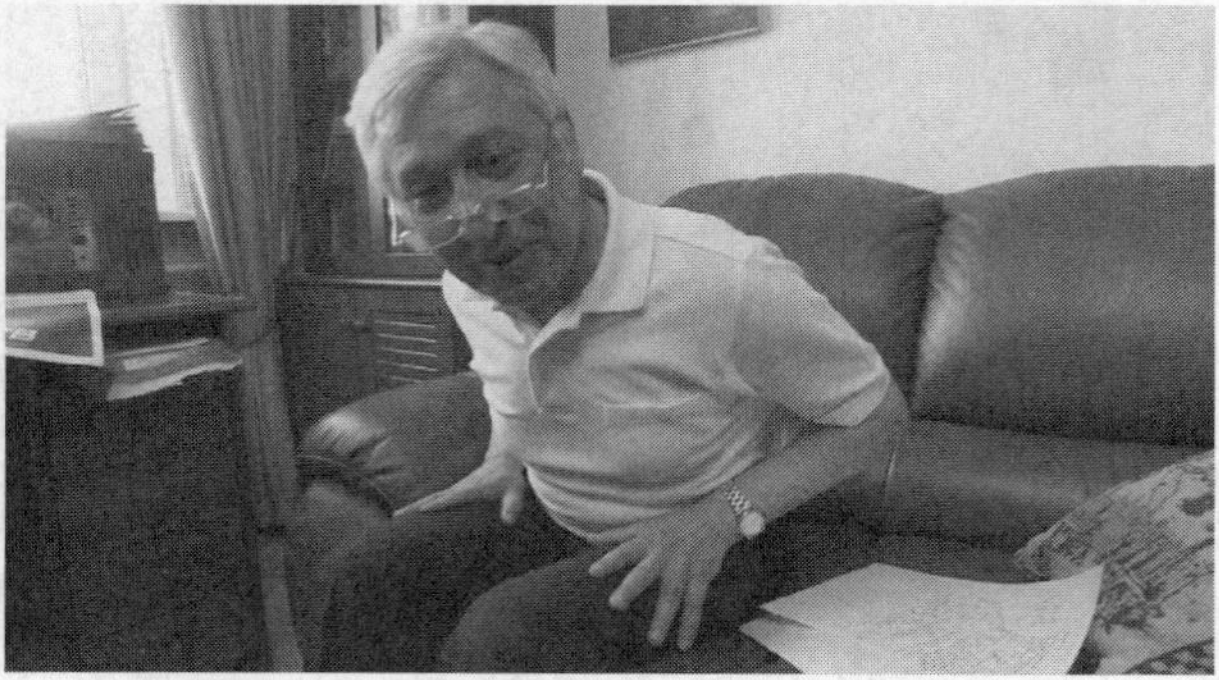

ペレリマン少年のしぐさを真似るアブラモフ先生

ロディーを聞いた覚えがありません。それからようやくペンを手に取って、極端に短い答えを書くのです。ひとつの問題を終えるとチョコレートを一かけ食べて、しばらくしてから次の問題に取り組む。その繰り返しでした。

私たち数学オリンピックのチームでは、難しい問題を『死の問題』と呼んで恐れていました。解くのが困難な問題という意味です。しかし『死の問題』がたとえいくつあっても、グリーシャはすべて解いてしまうのです。彼に解けない問題はない。どんなに誇らしい生徒だったことか。二五年のあいだ、彼を忘れたことはありません」

ペレリマン少年にとっては、数学の難問を解くことは日常茶飯事だった。数学オリンピックで出題されるトップレベルの難問でさえ、最小限の力で解くことができたのだ。

いつの日か、誰も解くことができないような難問を解いてみたい。ペレリマン少年の夢は、すでにこの頃に固まっていた。

天才数学者の素顔

私たちは、ペレリマン博士の学生時代の友人にも取材を重ねた。一〇〇年の難問の解決者は、数学者としての基礎をどう形作ったのか。そのヒントを何とか摑《つか》みたかった。

アレクサンドル・ガラバノフさん、四〇歳。ペレリマン博士を小学校から高校まで間近で見てきた友人である。現在サンクトペテルブルクの教育委員会で働いており、高校生の数学を指導することもある。

ペレリマン博士の自宅と同じく決して広いとはいえないアパートには、揺りかごや子どものおもちゃがところ狭しと並んでいた。奥さんが妊娠中で間もなく第二子が誕生するという。ガラバノフさんは、終始穏やかな笑顔で取材に応《こた》えてくれた。

「グリーシャにはかないませんでしたが、私だって他の生徒には負けませんでしたよ」

ガラバノフさんも、かつてはペレリマン博士とともに数学オリンピックを目指した「神童」だった。高校時代のアルバムには小学生の頃の写真まで貼《は》ってあり、あどけない少年時代のペレリマン博士に出会うことができた。

「私たちは同じ数学クラブに所属していて、週に二度は学校からクラブまでの長い道のりを一緒に歩いたものです。いつも途中でお腹《なか》が空《す》いてしまって、いろんなものを買い食いしました。クロンシュタット通りにある美味《おい》しいピロシキ屋さんはもちろん、道沿いに並んだ食べ物屋さんは、ほとんどふたりで制覇したはずです。

グリーシャがよく買う『定番』は、干しブドウとクルミの入った安いロールパンでした。でも彼はクルミが大嫌いだった。だから食べる前に徹底的にクルミをほじくり出すのです。私は横からちょっかいを出して、干しブドウのほうをえぐり出しました。グリーシャに見つかって、思い切りひっぱたかれましたよ」

またペレリマン少年は、運動は苦手だったが散歩が大好きだった。サンクトペテルブルクの数学クラブでは「学習の効率が高まる」という理由で、勉強の合間に長い散歩をすることが義務づけられていた。ガラバノフさんと続けていた長い「通学」が幸

少年時代のペレリマン博士（左）とガラバノフさん

いしてか、ペレリマン少年は嬉々《きき》として散歩に出かけていたという。
　高校当時のペレリマン少年は、まだポアンカレ予想はもちろん、トポロジーについてもまったく興味を持っていなかったという。しかしガラバノフさんは、私たちが予想もしていなかったペレリマン博士の意外な一面を知っていた。ペレリマン少年は、数学以上に、物理学の才能に抜きん出ていたのだ。
「グリーシャには神様から贈られた才能があったのでしょう。物理学は本当によくできました。もし国際物理オリンピックに出場していれば、そちらでも満点を取っていたに違いありません。しかし数学の先生が彼を数学オリンピックに出したいと強く主張し、他の教科の先生にまでプレッシャーをかけたのです」

数学オリンピック直前におこなわれたという強化合宿では、ペレリマン少年はチームの仲間とともによく森へ散歩に出かけた。美しい自然と触れ合う中で、自然の法則を解き明かす物理学への興味をかき立てていたのかも知れない。

実は、この物理学への興味がその後、世紀の難問・ポアンカレ予想を解き明かす最大の鍵《かぎ》となっていくのである。

トポロジーは死んだ？

アメリカでのトポロジーの黄金時代は一九七〇年代まで続いた。しかし、トポロジー最大の難問・ポアンカレ予想を証明する数学者はついに現れなかった。

「次元の壁を打ち破った男」の異名を持つスティーブン・スメール博士が思いついた、高い次元から順にポアンカレ予想を攻めるという作戦も、四次元を最後にその後、進展することはなかった。博士の興味はまったく別の分野へと移っていったのだ。

スメール博士は経済学やコンピュータ数学などを幅広く研究し、今もトポロジーの枠を越えた広い学問分野で活躍している。だが、なぜ三次元のポアンカレ予想に挑戦しなかったのだろうか。

「私は三次元でのポアンカレ予想に少しだけ挑戦しましたが、すぐにやめました。その方法はおそらく使い物にならなかったでしょう。解決のためには、明らかに何か新しいアイデアが必要でした。言い訳に聞こえるかもしれませんが、当時の私には、物理の離散ダイナミクスと二次元球面の研究のほうが魅力的に思え、そちらに挑戦したくなったのです。新しくて違ったものに関心があったのです」

四次元の宇宙の中でポアンカレ予想を研究していたマイケル・フリードマン博士も、突然、アカデミズムの世界から姿を消した。マイクロソフト社に引き抜かれ、大学の教授からコンピュータ科学の研究へと転身したのだ。フリードマン博士本人を取材することは残念ながらできなかったが、その事情を知人のジョン・モーガン博士が語ってくれた。

「なぜ彼がマイクロソフト社に行ったかは知りませんが、あるとき彼は言いました。『私はポアンカレ予想の四次元の証明をした。数学の世界で、これに匹敵する挑戦をするつもりはない。あれが数学者としての私のキャリアのクライマックスだった』とね」

マイケル・フリードマン博士

トポロジー黄金時代の数学者たちは、四次元や五次元といった、目に見えない高次元の宇宙を頭の中で考え出し、研究を進めてきた。しかし、現実の三次元の宇宙についての問いかけであるポアンカレ予想には、結局辿《たど》り着けなかったのである。

数学者にしか見えない高次元の宇宙でなら証明できるポアンカレ予想が、私たちに一番身近なはずの三次元の宇宙でどうしても証明できない。その事実を知るにつれ、なぜか厳《おごそ》かな気分に襲われた。

かつて、数学の王様とまで言われたトポロジー。しかしいつしか数学者たちの間で、こんな噂《うわさ》が囁かれるようになった。

「トポロジーは死んだ」

（1）結び目理論、グラフ理論、不動点定理、ファイバー束

・結び目理論（knot theory）

ひもの結び目を数学的に表現し研究する学問。低次元（一〜三次元）のトポロジーが主に扱う理論で、ＤＮＡや分子結晶の構造を解明するために応用されることもある。

・グラフ理論（graph theory）

点とそれを結ぶ線のつながり（これを「グラフ」と呼ぶ）が持つ様々な性質を探求する学問。たとえば地下鉄路線図は、実際の駅の形や線路の長さ、曲がり具合に関係なく、その「つながり方」だけを整理した典型的な「グラフ」といえる。

・不動点定理（fixed point theorem）

「穴の空いていない図形上で何かが流れる場合に、流れが止まった点（＝不動点）が一つ以上必ず存在する」という定理。風呂《ふろ》でお湯をかき回したとき、うずの中心に流れのない点（不動点）が現れる。台風の目も同じような性質を持つが、不動点定理は、それを数学的に説明す

る概念である。
・ファイバー束（fiber bundle）
位相空間に定義される構造の一つで、局所的に二種類の位相空間の直積として表現できる構造のこと。

（2）カタストロフ理論（catastrophe theory）
力学系の分岐理論の一種を扱う理論。ある事象の中で突然変化が起こる理由を説明する画期的な理論として注目を浴び、生物学や経済学などへの応用を期待されて盛んに研究された。カタストロフとは周期的な秩序だった現象の中から不意に発生する無秩序な現象の総称。一九七〇年代、カオス理論やフラクタル理論などと共に日本でもちょっとした流行語となった。

第6章

1980年代

天才サーストンの光と影

マジシャン登場

完全に行き詰まったかに見えたポアンカレ予想の研究。しかし、ひとりの数学者の登場が、誰も予想しなかった新しい道を切り開くことになった。

「サーストンは、ものすごい才能を持った人物でした。驚くべき天才です。私たち数学者に言わせれば、まるでマジシャンです。彼は自分の帽子から突然、魔法のように素晴らしいアイデアを取り出すのです」（ヴァレンティン・ポエナル博士）

ウィリアム・サーストン博士について語るとき、こんな興奮した口調になるのはポエナル博士だけではない。サーストン博士の奇抜で斬新《ざんしん》な発想は、これまで幾度となく世界の数学者たちを驚かせてきたのだ。

サーストン博士はアメリカ・ニューヨーク州中部の都市イサカに住む。勤務先のコーネル大学のほか、ふたつの大きな大学があり、豊かな自然で知られる学園都市だ。

小さな湖のほとりにある一軒家に、博士を訪ねた。

半エーカー（約六〇〇坪）はあろうかという広大な庭で、娘のジェイドちゃん（六歳）が犬と一緒に裸足《はだし》で走り回っていた。博士は、子ども部屋で息子のリアム君（四歳）と遊んでいる最中だった。楽しそうな父子を撮影していると、サーストン博士は急にカメラの方を向いて、三角形の平らなブロックで何かを作り始めた。

――何を作っているんですか。

「三角形を組み合わせれば、複雑なトポロジー（形）が作れることをお見せしようとしているんです。いま作っている形は、うまくできれば三トーラス（三つ穴のドーナツ）の双曲幾何になります。ポアンカレ予想を研究する人の多くは丸い宇宙、つまり『正の曲率』を持った宇宙を想定してきましたが、現実の世界では正の曲率よりも負の曲率を持った双曲幾何のほうが多いんですよ」

サーストン博士の専門は双曲幾何学である(1)。双曲幾何学とはユークリッド空間(2)のような「まっすぐな空間」（曲率が〇《ゼロ》の空間）ではなく、負の曲率を持つ曲がった空間「双曲空間」の中で定義される幾何学だ。馬の鞍《くら》のような形がその典型である。ちなみに「丸い空間」（曲率が正の空間）で成り立つ幾何学を「球面幾何学」と呼び、ポアンカレ予想に出てくる「丸い宇宙」も、この幾何が成立する空間である。

「双曲幾何の世界というのは、モノを見失いやすい世界です。理由をご説明しましょう。あなたは今、私から三メートル離れた距離にいます。その地点から歩いて私から離れて行けば、当然あなたの姿は小さくなっていきます。私たちが暮らすユークリッド空間では、三メートルの距離にいたあなたの大きさが半分になるには倍の六メートル離れれば良い。一二メートル離れれば四分の一、二四メートルで八分の一の大きさになります。二倍の距離を離れれば、サイズは半分になるのです。

ところが双曲空間の中では、もっと急激にサイズが小さくなります。三メートルから六メートルに離れれば半分のサイズになりますが、九メートルで四分の一、一二メートルで八分の一、二四メートルでは一〇〇〇分の一、六〇メートルでは一〇〇万分の一のサイズになります。

もしあなたが私の子どもだったら、すぐ迷子になって私は大パニックです。もし飛行機のパイロットが双曲空間の中を飛び回ったら、簡単に軌道を見失って、二度と地球への帰り道を見つけることはできないでしょう」

聞いている私が、話の道筋を見失いそうであった。博士が「マジシャン」だとは前もって聞いていたが、いったいどんな世界へと連れて行かれるのだろうか……。そのスピードに果たしてついて行けるのか、不安に襲われた。

ウィリアム・サーストン博士

――ご自分の子どもたちにも、数学について話されるのですか。

「幼い頃は、自分のやりたいことをやって世界を体験し、色々なオモチャに触れることが重要だと思います。大人が言葉にしたり説明できることは、子どもが身をもって体験することに比べれば、極めて限られています。子どもに教え込もうとするのは間違っています。質問に答えるのは大切ですが、細かいノウハウ、例えば掛け算を教えるなんてことは重要ではありません」

サーストン博士は幼い頃から、押しつけられて勉強するのが大嫌いだった。例えば学校で数学や社会などの授業が一時間ずつで区切られ、ちょうど面白くなりかけた頃に違う科目に変わってしまうことを、いつも不満に感じていたという。

「小学校の頃、先生から、『お前は先生の話を全然聞かずに、いつも空想にふけってばかりだ』と叱《しか》られました。数学の時間には『答えは合っているが、式はどこに書いてある？』とよく言われたものです。先生が期待している考えに、自分の考え方を合わせるのが苦痛でした。先生は私が怠けていると思っていたし、私自身も罪悪感を持ってしまう。『自分は不良かも知れない』なんて思ったこともあるんです。

ところが数学者になってみて、自分は正しいことをしていると感じられるようになりました。『こうすべきだと他人から言われた方法をやるのではなく、自分の直感に従うべきなのだ』と思い、最終的には『理屈を積み重ねなくても論理の本質を摑《つか》み、それを一目で見ることができる物事の考え方』を見つけるのが好きになりました。

自分の興味のあるものに集中し、考えにふける性格は数学に非常に合っています」

――先ほど、日常の中にある双曲幾何学について話してくださいました。ポアンカレ予想に挑んだ多くの数学者が、三次元の「球面」にばかり注意を払っていたのとは対照的です。双曲幾何学はあなたにとってより自然な存在なのですか。

「最初に双曲幾何学や双曲空間について学んだときには、それをリアルに感じられませんでした。確かに、筋の通った理論かも知れません。かつて習ったユークリッドの公理を否定していけば良いのですから。双曲幾何学は『直線Lの外にある点Pを通る一本以上の平行線がある』というフレーズから始まる、素晴らしい論理に裏付けられていました。

でも、ひととおり学び終わっても、『本物だ』とは感じられませんでした。頭では理解できても、実感できなかったからです。そこで双曲幾何の公式をじっと見つめました。双曲の形を作れないかと思ったのです。しばらくして、『双曲幾何の形』を紙で簡単に作れることを発見しました。ペーパータオルを使ってロール状に作ることもできますよ。ポアンカレ予想に出てくる『球面』以外の構造が世の中にはたくさんあるのだということを実感して初めて、ようやく三次元の空間の見方が変わったのです」

博士は、言葉でいくら論理を並べられても納得できず、自らの体験などを通して「直感でわかった」と思えないとダメなタイプの数学者なのだという。

ともあれサーストン博士は、「丸い宇宙でない、双曲空間」に興味を持ったからこそ、双曲幾何なるものの専門家になった。その博士が、いったいどのようにポアンカレ予想に関わっていったのだろうか。

宇宙は本当に丸いのか　―リンゴと葉っぱのマジック―

一九八〇年代の初頭、数学者の多くは、まだ相変わらず宇宙を一周させたロープの結び目に悩み続けていた。その様子を見たサーストン博士は、結び目を解こうとする努力はもう諦《あきら》めるべきだと考えた。ポアンカレ予想には、まったく新しいアプローチが必要だと直感したのだ。

ポアンカレ予想は、こう言っている。

「宇宙にロープを一周させて、その輪が回収できれば宇宙は丸いと言えるはずだ」

しかし気を付けて見てみると、この問いかけは「もしロープが回収できなかった場合、宇宙はどんな形をしているのか」については、まったく触れていないことがわかる。

サーストン博士が目をつけたのは、そこだった。

「宇宙が丸くないとすると、他にどんな形があり得るのだろう」

これが革命的なアプローチへの入り口だった。

「私は夢見たんです。宇宙が取り得る形を全部調べあげることはできないかと。無茶な挑戦だと思ったけれど、やってやろうと決心しました。もちろん最初は、考えられる宇宙の形のパターンをおぼろげに分類するのが精一杯でしたがね」

丸い形以外に、宇宙の形にはどんなものがあり得るのか。サーストン博士は身のまわりにある形をヒントに、その分類を始めたのだ。

形を分類する、という話になったところでサーストン博士は立ち上がった。

「では、外に出て実際に形を分類しましょう」

博士は部屋の片隅からスケッチブックとナイフ、ハサミを探し出し、なぜか冷蔵庫からリンゴを取り出して、庭へと歩き出した。私たちも後を追った。

「葉っぱの形を比べ始めたら、いくら時間があっても足りません」

そう言いながら博士は、庭の葉っぱを次々と採取し始めた。家の庭には桜やカエデなど、実に多種多様な植物が植わっている。

「葉っぱは反り返っていて、丸い球とは明らかに違います。こういう形を『双曲幾何』と言うんです。反り返った形と丸い形。これから、この両者の違いを実感する良い方法を教えましょう」

博士は、持ってきたリンゴを剝《む》き始めた。実際に食べるときのように全部の皮をひとつながりに剝くわけではない。剝き始めたところからリンゴの表面に沿って包丁を一周させ、もとの場所までグルリと剝くだけである。皮を剝いた白い跡はちょうど、赤いリンゴの表面に描かれたアルファベットの「O」のように見える。

「リンゴの表面に沿って、丁寧に皮を剝きます。皮が切れないよう、きれいに一周剝いたら、それを平らな紙に貼《は》り付けます」

剝いた皮を平らなスケッチブックに貼り付けると、不思議なことにアルファベットの「C」のように皮が開いてしまう。リンゴの表面にあったときはアルファベットの「O」のようにつながっていた皮が、である。紙の上で「C」の端と端がどれくらい開いているのか分度器で測ると、およそ一二〇度。博士は「＋120°」と書いた。

「リンゴは正の曲率を持っているので、ここに正の値が現れるのです。大ざっぱですが、剝いた部分の曲率[3]は＋120°です。曲率はπ（＝180°）を使って表しますから、

$$+\frac{120}{180}\pi=+\frac{2}{3}\pi$$

ということになります」

リンゴの表面では丸くつながっていた皮が、平らにしてみると開いてしまう。これが「丸い」（曲率が正）という形の特徴だそうである。

続けて博士は、先ほど集めたたくさんの葉っぱから一枚を取り出した。

「身近にある葉はシンプルで平らな形だと思うかも知れませんが、実は平らではありません。よくよく見ると興味深い形をしています。このシュガーメープル(カエデの一種)の葉などは、かなり曲がっています。日なたで育った葉と日陰で育った葉でも、形は大きく異なります。

子どもたちは学校の課題などで、本の間に挟んで押し花や葉っぱの平らな標本を作りますが、それは実は葉の形の特性を損ねています。葉は三次元の形のままでいたいのです。それぞれ三次元の『曲率』を持っているのです。例えば、葉の端のフリルのようになっている部分は負の曲率を持っています。美しいでしょう。さっそく曲率を測ってみましょう」

博士はこの手の解説にはすっかり慣れているのか、よどみなく話し続けながら、手を休ませることがない。

「まずこの葉を切りましょう。そのままでは平らになりませんが、葉の一番外側の縁の部分を細長く切ってやれば、簡単に平らになります。葉の輪郭を切り取るようなつもりで、丁寧に切ってください。植物の大きなカーブは、ほとんどが葉脈と茎の周りの部分に見られます。ゆるやかなカーブもありますし、きついカーブもあります。葉っぱのカーブは、葉脈に集中しているんです。

そういえば、もし造花を見る機会があったら面白いのでよく見てみてください。安いモノは、葉っぱが平らな紙でできている場合が多い。つまり『ユークリッド幾何』で作られているわけですが、一目で不自然な形だとわかります。一方ちゃんとした造花は、葉っぱが反り返って、つまり負の曲率を持っていて『双曲幾何』を取り入れているんですよ。たったそれだけのことで、造花は見違えるほど本物らしくなるんです。

さて、葉の周りを一周するようにグルリと切ったら、破れないように紙の上に置きましょう。自然のままにして、無理に曲げたり、強く押さえつけたりしないで、葉の向きたい方を向かせてやってください」

先ほどのリンゴに比べて、格段に詳しい説明だ。双曲幾何の世界を知ってほしいという博士の熱意を感じる。

博士は切り取った葉の「輪郭」をスケッチブックの上に乗せ、テープで固定した。すると、切り取る前にはくっついていた端と端が、交差したのだ！　私とカメラマンは思わず声を上げてしまった。先ほどのリンゴで見た「開いてしまった」状態とはまったく逆である。博士は、端と端が交差した（行き過ぎた）部分の「角度」を測った。

「角度は90°以上ですね……約100°だ。リンゴの場合とは反対に端と端が交差してしまったので、リンゴの曲率につけた＋ではなく、－を付けます。曲率は－100°です。曲率をπ（＝180°）で表すと、$-100\pi/180$つまり$-5\pi/9$です。この測定値の意味がわかりますか。

例えば二つ穴のトーラスは、表面の曲率の合計が必ず-4πになることがわかっています。$-5\pi/9$の七・二倍です。ということは、この葉っぱを八枚集めてくっつければ、二つ穴トーラスを作るのに十分だということなのです。いま手軽に測った曲率ですが、その背景には非常に美しく厳密な理論が隠れているのです」

うーん、トリックはよくわからないが不思議。サーストン博士は確かに「マジシャン」なのだ。


――この葉っぱのように、幾何学やトポロジーの原則を美しく示す例は、日常生活や自然の中で簡単に探せるものですか。

「今の質問はとても重要です。あなたは『幾何やトポロジーは日常生活の中にあるのか』と聞いたのでなく、『日常生活の中に探せるか』と聞きましたね。幾何やトポロジーを探す視点がすでにあるなら、生活のあらゆるところに見つかるはずです。

葉っぱとリンゴを使って曲率の解説をするサーストン博士

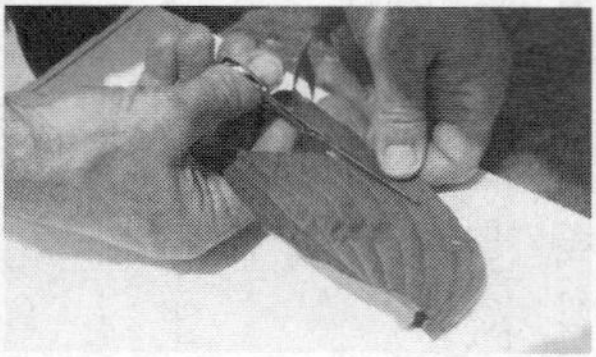

数学の本質とは、世界をどういう視点で見るかということに尽きます。数学的な考え方を学べば、日常はまったく違って見えてきます。文字どおりの『見る』、つまり網膜に映るという意味ではありません。学ぶことによって見えてくるという意味です。新しい言葉を学ぶと、それまでその言葉にまったく出会ったことがないのに、次の日に出会ったりして不思議に感じます。それと同じことです。物事を習うことは、物事を見ることです。あなたにとっては、もう幾何やトポロジーは生活の至るところにあるはずです」

博士の説明で詳しい理屈が理解できたかどうか、自信はなかった。だが、丸みを帯びているリンゴの皮では端と端が離れてしまい、反り返っていた葉っぱでは端と端が逆に交差したことで、「リンゴ」と「葉っぱ」の形（「曲率」と表現していた）が「正」と「負」、逆のものであるということだけはわかった気がする。

サーストン博士自身はこうして、「丸い形」以外の形がどんなに自然界にあふれているか、確信を深めていったのだという。

衝撃の新予想　―宇宙の形は八つ？―

さて、本論に戻ろう。

様々なモノの形を通して、サーストン博士はこう確信した。世の中には、丸いモノよりむしろ、そうでない形が多い。

だが、手にとって見ることができる形を分類するのはまだ簡単だ。かつてポアンカレがやったように、リンゴは丸い形の代表。それ以外は穴の数で分類することができた。

問題は、宇宙のように「決して外から眺めることができない」形を、どうやって分類すればいいのか……。

一〇年以上にわたる試行錯誤の末、サーストン博士は驚くべき結論に達した。

一九八二年に発表された論文'*Three dimensional Manifolds, Kleinian Groups and Hyperbolic Geometry*'（「三次元多様体、クライン群、そして双曲幾何」）の中で、博士はあるひとつの壮大な予想を述べている。

「宇宙がたとえどんな形であろうとも、それは必ず最大で八種類の異なる断片から成

万華鏡の模様。もとはいくつかのモチーフに過ぎない

り立っているはずだ」

この大胆な予想は、サーストンの「幾何化予想」と名付けられた。

サーストン博士は幾何化予想を、よくオモチャの万華鏡《まんげきょう》にたとえて説明するという。

万華鏡を回したときに見える模様は実に変幻自在で、同じ模様は二度と現れない。しかしもとを辿《たど》れば、いくつかの形の決まったビーズがその複雑な模様を作っているに過ぎない。

サーストン博士によれば、宇宙の形もまた同じ。宇宙がたとえどんなに複雑な形であったとしても、いわば八種類のビーズが絡《から》み合ってできているはずだというのである。

つまり有限な数のビーズが、無限に複雑な図形を生み出す。同じように、宇宙が丸い以外のどんな形であったとしても、最大で八つの種類の断片がつながり合ってできているはずなのだ。

サーストン博士が提唱したこの「幾何化予想」は評価され、フィールズ賞に輝いた。それは数学者たちが、幾何化予想は、実はその一部にポアンカレ予想をも含む、壮大なる問いかけであると気づいたからだった。


もしサーストン博士の予想どおり、宇宙が最大八種類の断片の組み合わせでできていたとしよう。博士によると、その八つの断片とは、ひとつは丸い形で、それ以外は、ドーナツ形などの「丸くない」形である。

ここで、ポアンカレのロープを思い出してほしい。宇宙の断片の中に、ひとつでも「丸くない」形が含まれていた場合、ロープが引っかかって回収できないことに、数学者たちは気づいたのである。つまり、幾何化予想が正しいならば、ロープが回収できる宇宙はただひとつ、ポアンカレの予想どおり丸い形のみで作られている宇宙だけなのだ。

こうして、サーストンの幾何化予想が証明できれば、同時にポアンカレ予想を証明したことになることが明らかになった。

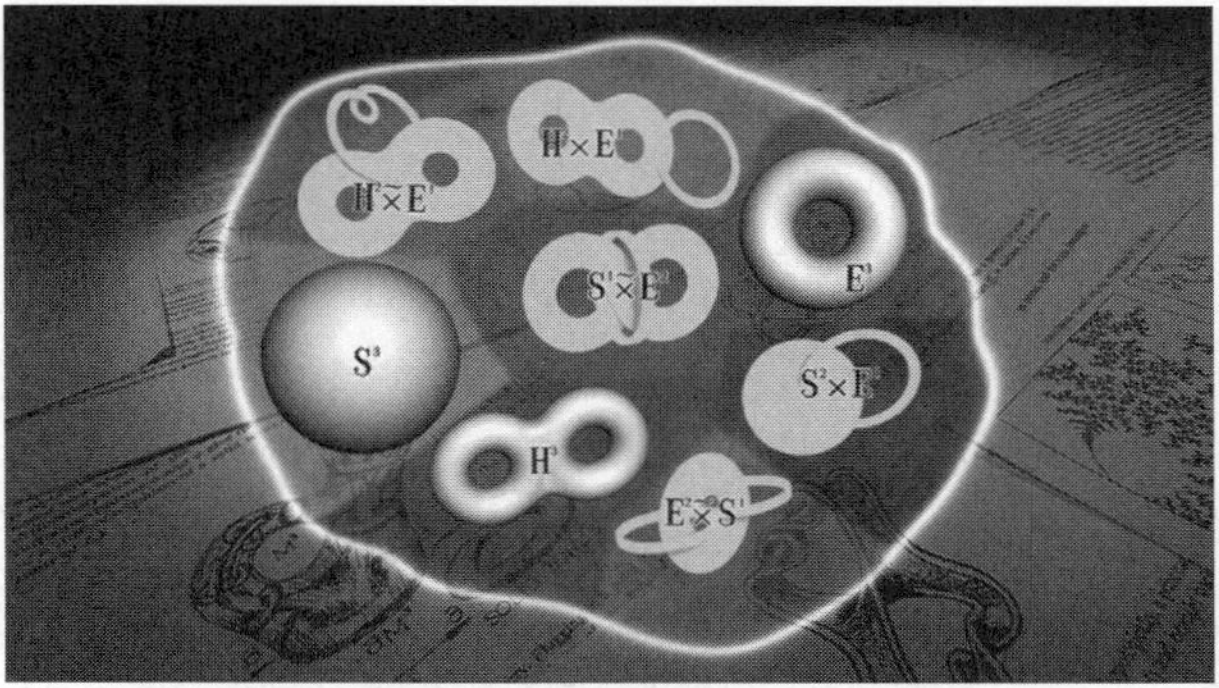

サーストンによる「幾何化予想」。八つの宇宙の形を提示した

「サーストン博士の登場で、宇宙が取り得る形について、まったく新しい展望が開けました。宇宙の形についての新しいアプローチが始まったのです。その後、研究は一気に進み、宇宙の形への理解がどんどん深まりました。サーストンは幾何化予想を武器に、ポアンカレ予想に肉薄したのです」（ジョン・モーガン博士）

　多くの数学者が長年、丸い宇宙（三次元球面）を念頭においてポアンカレ予想に取り組んできた。サーストン博士はなぜ、丸い宇宙にロープを巡らせるという発想から離れ、三次元の宇宙の形を全部リストアップしてみるという着想を得ることができたのだろうか。

「私は当たり前の考え方をしただけです。例えば一〇〇〇ピースのジグソーパズルがあったとしま

す。あなたが一〇〇〇のうち一〇〇ピースだけを渡されて、それを正しい位置に置こうとしても、まず無理でしょう。でも一〇〇〇ピース全部を床に並べてみて、全体を眺めると、どう組み立てるべきかが簡単に見えてくるはずです」

天才サーストンの苦悩

一九八三年、フィールズ賞授賞式の席上で「三次元空間の研究を数学の主流に戻した」と絶賛されたサーストン博士。

では博士は、実際にこの予想を証明できたのだろうか。

サーストンの幾何化予想を証明するには、宇宙を八種類の形に分解する方法を示さなければならない。ところが宇宙をきれいに分けるのは極めて難しかった。分解しようとすると、突然、形が崩れてしまうことがあるというのだ。「特異点」と呼ばれる、計算が続けられない状態である。幾何化予想は大きな壁に突き当たった。

予想を提唱した当のサーストン博士は、周囲の大きな期待にもかかわらず、証明への挑戦をやめてしまった。

実は取材を始めた当初から、サーストン博士が幾何化予想の証明をなぜ諦《あきら》めたのかは、大きな謎《なぞ》だった。難問・ポアンカレ予想に人生を捧《ささ》げてきた数々の数学者の生き様を考えると、博士の態度は諦めが良すぎるように思えて仕方がなかったのだ。

サーストン博士はもともと予想を証明することにそれほど興味がないのだ、と考える数学者もいる。

数学者は、非常に大ざっぱにいうと「アイデア提起型」と「問題解決型」の二種類に分けられるといわれる。前者は何もないところから、過去になかった新しい概念を生み出すタイプで、「○▲予想」と呼ばれるような新しいアイデアを次々と提示する傾向がある。ちなみにアンリ・ポアンカレはこのタイプの典型である。

そして後者は、その「予想」が実際に正しいかどうかを論理的に検証してゆくことを得意とし、様々な数学的テクニックを駆使する職人気質《かたぎ》の数学者である。パパキリアコプーロスは、このタイプと言えるかも知れない。もちろんこの両者が融合したいわゆる「万能型」の数学者も稀《まれ》にいる。

この分け方にあてはめると、サーストン博士はどちらかといえば前者、つまり「アイデア提起型」である。幾何化予想を提唱してポアンカレ予想の研究に大きな未来を開いたものの、厳密な証明にはそれほどこだわらなかったのかも知れない。

だが一方、サーストン博士が幾何化予想の証明を追究しなかったのは不自然で理解に苦しむ、とする数学者も少なくない。博士を「マジシャン」と絶賛するフランスのポエナル博士もそのひとりだ。

「サーストンはあるとき突然、マジックを止《や》めてしまいました。なぜだか誰にもわかりませんが、彼は数学の成果を発表するのをやめました。年を取ったわけでもなく、能力を失ったわけでもないはずです。しかし、なぜか数学の成果を出さなくなりました」

ポアンカレ予想を超える大予想とも言われた「幾何化予想」に、敢《あ》えて挑戦しないなどということが、果たしてあるものだろうか。

博士の複雑な心中をうかがわせる、一編の論文がある。一九九四年に発表された'*On Proof and Progress in Mathematics*'（「数学における証明と進歩について」）である。

論文の後半部でサーストン博士は、ある出来事をきっかけに自分の数学に対する考え方が大きく変わったと記している。以下少し長くなるが、要約して引用する。

〈大学院生のとき、私が研究テーマに選んだのは『葉層構造論(4)』でした。当時この葉層構造論は、トポロジーや力学システムの研究者、そして微分幾何学の数学者などの間で大きな注目を集めた分野でした。私はすぐに、葉層構造論の分類定理を証明し、その他にも数々の重要な定理を証明して劇的な成果を上げたのです。証明がどんどん頭の中に浮かんできて、論文にまとめる時間もないほどでした。しばらくして、世にも奇妙な現象が起こりました。ほんの数年のうちに、この研究分野から急激に人がいなくなり始めたのです。仲間の数学者から「葉層構造論には近づかないほうが良い」という噂《うわさ》が流れていると聞きました。サーストンが、この分野をすべて食い尽くしてしまう、というのです。友人たちは、批判でなく賞賛だと前置きして私にこう言いました。「君は今にこの分野を殺してしまうよ」と。大学院生はみな葉層構造論を学ぶのをやめ、私も間もなく他の分野に移ったのです。研究者がいなくなったのは、決してこの分野が枯れてしまったからではないはずです。興味深い問題がたくさんあり、研究する余地はまだ十分にあったはずなのに。

私はこの出来事で、自分の研究の進め方に二つの問題点があると反省しました。一つには私の論文が極めて古臭く、難解な数学論文の形を取っていたことです。

自分の理論のバックグラウンドを丁寧に説明せず（その時間もありませんでしたが）いわばわかる人にだけわかれば良い、という書き方に陥っていたのです。例えば、“the Godbillon - Vey invariant measures the helical wobble of a foliation”（邦訳「ゴドビヨン・ベイ不変量は葉層構造の螺旋型《らせんけい》動揺度合を測る」）などという表現は、多くの数学者にとって小難しく、心理的に受け入れ難かったに違いありません。

もう一つは、周囲が「答え」を期待しているのだと勘違いしていたことです。力強い証明結果をたくさん示せば他の数学者のためになると思っていました。だがそうではなかった。皆が求めていたのは答えではなく、どうやって考えたかという過程だったのです〉

サーストン博士と親交があり、博士を日本に招いたこともある東京工業大学の小島定吉教授は、ひとつの研究分野を廃《すた》れさせてしまうという事件以降、サーストン博士の数学に対するスタンスは大きく変わったと見ている。

「何事にも果敢に挑戦するサーストンにとっては、辛《つら》い体験だったかも知れません。一九七〇年代後半、彼は三次元多様体、クライン群、そして双曲幾何という、互いに独立していた分野を結びつける作業を重視しました。一歩立ち止まって、環境の整備に努力を重ねたのです。

優れた定理を証明し続けることが必ずしも数学の発展につながらず、むしろ数学者のやる気をそいでしまうこともある、と知ったことは、博士が『数学は、人の会話の上に成り立つ学問だ』と考えるひとつのきっかけになったのかも知れません」

事実、一九七〇年代後半を境に、サーストン博士の研究姿勢はガラリと変わっている。論文よりも数学教育や周囲とのコミュニケーションに力を注ぐようになった。プリンストン大学教授として「三次元空間の幾何とトポロジー」をテーマにおこなった講義は、そのユニークな語り口とわかりやすさが評判を呼び、世界中に講義録のコピーが出まわった。

また九〇年代にはバークレー数理科学研究所の所長として中学校や高校への出張授業などを精力的にこなし、トポロジーの魅力を一般社会に広めることに腐心した。

博士は幾何化予想の証明をあきらめたのか、それとも敢えて続けなかったのだろうか。サーストン博士の真意を確かめるため、取材の終盤、思い切って聞いてみた。

――多くの数学者が、幾何化予想を提唱したあなたが、なぜそれを自分で根気良く追究しなかったのかと考えているようです。

「証明しようと努力はしたのです。でも私の考えたいくつかの方法は枯れてしまいました。追究しても可能性が見えない場合は、引き下がるのが賢明です。人生の目的はたったひとつではありません」

――あなたは自分ひとりで証明するというこだわりを捨て、敢えて周囲の数学者とのコミュニケーションを大切にする道を選んだのではないですか。

「今では多くの数学者が、かつて私がひとりで考えていたことを学んでいます。素晴らしいではないですか。多くの人が、幾何化や双曲幾何学など、私が背負ってきた研究分野に貢献してくれているのです。理解してくれる人が多くなって、昔のように寂しくなくなりました。私は身に沁《し》みて知っています。最初に何かを考え出すとき、そこには孤独がつきものなのです」

博士はこの話題に関して、それ以上語ろうとはしなかった。

幾何化予想の証明こそしなかったが、サーストン博士は「八つの宇宙の形」のアイデアを広く一般社会に伝えることに力を注いだ。弟子のジェフ・ウィークス博士と共同でコンピュータ・ソフト「曲がった宇宙（Curved Spaces）」[5]を開発したのである。

もし私たちの宇宙がドーナツ形だったら、宇宙はどんなふうに見えるのだろうか。私たちは宇宙を「外から見る」ことはできないが、この「曲がった宇宙」を使えば、ドーナツ型の宇宙を高速で旅する疑似体験ができるという。

「仮に宇宙がドーナツ形だと考えましょう。するとあなたがいる空間の性質は、今とは大きく変わってきます。あなたが今、四角い部屋にいると考えてください。今あなたがいる部屋の前方の壁は、後ろの壁につながっています。同様に、部屋の右側の壁は左側に結びついている。床は天井と結びついています。その部屋を見ながら頭の中でイメージしてください。部屋の前方を見ているあなたの視線をさらに進めると、頭の中で部屋の後方が見える。部屋の右側にあるドアから室外に出ると、突然、左側にあるドアから入ってくる。このようにイメージを創《つく》り上げて行くと、これは、様々な方角に結びついた同じ宇宙が無限に繰り返される『繰り返し宇宙』だとわかります。これが、ドーナツ宇宙の正体なのです」

またしても難しい。もし頭が混乱してしまったら、ぜひお手持ちのコンピュータで「曲がった宇宙」を体験していただきたい。理解できるか否《いな》かはともかく、サーストン博士の壮大なマジックを体感できることだけは間違いない。

＊穴の数で分類するとは？

アンリ・ポアンカレはその著書『科学と方法』にこう書いている。

「数学とは、異なった事柄に同一の名称を与える技術である。言葉を適当に選べば、或《あ》る既知の対象について行われたすべての証明が直ちに多くの新しい対象についてもそのまま通用するのを見れば、まったく驚嘆に値するほどである」

ある一面で数学者とは、世の中に存在する無数の事柄のあいだに共通点を見出《みいだ》し、それに名称を与えて巧みに分類する仕事だ、と言えなくもない。

さてトポロジー（位相幾何学）の世界ではモノの形をどう分類していたか、思い出してみよう。ドーナツとティーカップはひとつ穴同士だから、同じ。スプーンとボールも、どちらも穴が〇《ゼロ》なので同じ。そしてティーポットとレンズのないメガネは、どちらもふたつ穴だから同じである。

だがそもそも、なぜ「穴」で分類するのだろう？　ポアンカレは穴の数を数えるのが趣味だったのだろうか？　それとも穴には何か、隠された秘密があるのだろうか？

実はこの分類、本質的には三次元の物体の表面（二次元多様体とよばれる）の性質

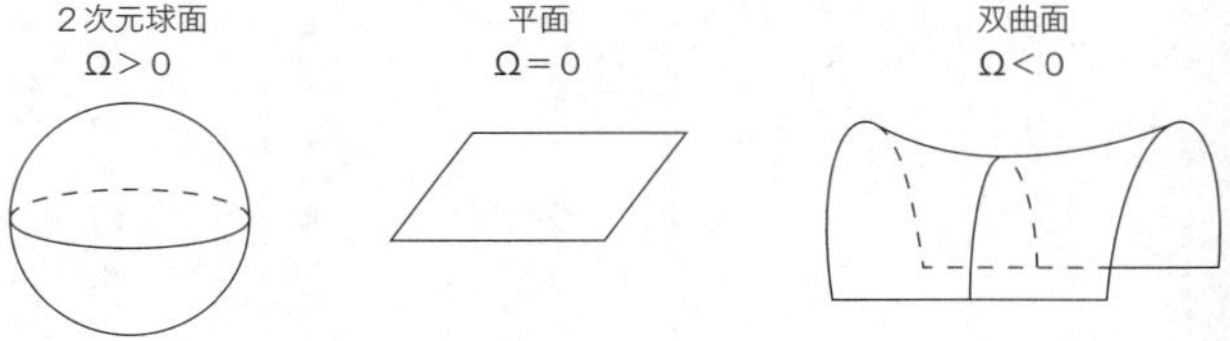

を区別するものなのである。穴のない球（スプーンやボール）の表面はつねに内側に曲がっているので二次元球面（曲率Ω＞○《ゼロ》）と呼ばれ、ひとつ穴のドーナツの表面は一様に均《な》らすと平らなので平面（曲率Ω＝○）、ふたつ穴以上のドーナツは、表面が反り返っている（曲率Ω＜○）と分類される。（図を参照）

つまりポアンカレは「穴の数」を数えているように見せかけて、実は「表面の形」を見ていたわけである。これを数学的には「二次元多様体の分類」と呼び、この分類は二○世紀初めにはすでに完成していた。

ポアンカレ予想「単連結な三次元多様体は、三次元球面に同相である」は、実はこの「二次元多様体の分類」を一次元上の三次元に置き換えた「三次元多様体の分類」にかかわるものだった。そしてその「三次元多様体の分類」を鮮やかに予想したのがサーストン、それを証明したのがペレリマンなのである。

言ってみれば、数学者たちの長年の夢は「宇宙の形」を理解するというより、「三次元多様体の分類」だった。彼らには、そのほうが宇宙そのものよりよほど広大な世界に見えていたのかもしれない。

（1）双曲幾何学

一九世紀前半にニコライ・ロバチェフスキー（ロシア）、ヤーノシュ・ボヤイ（ハンガリー）、フリードリッヒ・ガウス（ドイツ）らがそれぞれ独立に提唱した幾何学で、ボヤイ・ロバチェフスキー幾何学とも呼ばれる。非ユークリッド幾何学のひとつ。双曲幾何学が成り立っている空間を双曲空間と呼び、馬の鞍《くら》のような形がその典型とされる。ちなみに正の曲率を持つ「丸い空間」（曲率が正の空間）で成り立つ幾何学を「球面幾何学」と呼ぶ。

（2）ユークリッド空間

ユークリッド幾何学が成立する空間のこと。ユークリッド幾何学とは幾何学の体系のひとつで、古代エジプトのギリシャ系数学者エウクレイデス（英名：ユークリッド）の著書『原論』でその性質が定義された。以来「唯一《ゆいいつ》絶対の幾何学」と考えられてきた。

ところが一九世紀に『原論』の第五公準（平行線公準）「任意の直線上にない一点を通る平行な直線がただ一本存在する」に対する疑問が投げか

けられ、ついにユークリッド幾何学以外の新たな幾何学「非ユークリッド幾何学」(双曲幾何学や球面幾何学など)の存在が確認された。例えば双曲幾何学では「ある直線Lとその直線の外にある点Pが与えられたとき、Pを通りLに平行な直線は無限に存在する」ことになり、球面幾何学では「ある直線Lとその直線の外にある点Pが与えられたとき、Pを通りLに平行な直線は存在しない」ことになる。

(3) 曲率

曲線や曲面の曲がり具合を表す量で、たとえば半径rの円周の曲率は1/rと表現される。rが小さい(カーブがきつい)ほど曲率は大きくなる。

(4) 葉層構造論

自然界や身のまわりにある様々な模様のうちで層状に積み重なっているもの、例えば崖《がけ》の断面に見える地層の模様、葉っぱの葉脈、木材の表面に現れる木目模様などを、葉層構造(foliation)という。サーストン博士によれば、葉層構造論とは三次元宇宙の表面に描かれたストライプ模様の研究のことだそうである。

（5）「曲がった宇宙（Curved Spaces)」のＵＲＬ　http://www.geometrygames.org/CurvedSpaces/

第7章

1990年代

開かれた解決への扉

ロシアとアメリカの出会い

数学者たちが幾何化予想の証明に一斉に取り組みはじめていた一九九二年、ニューヨークにひとりの青年が降り立った。ここから、ポアンカレ予想の研究は大きく転換してゆくことになる。

グリゴリ・ペレリマン博士。このとき二六歳になっていた。

アメリカへ渡ったきっかけは祖国・ソ連の崩壊だった。この年、ソ連から全世界に流出した科学者は史上最高の二一〇〇人に上る。それまで閉ざされてきた東西両陣営の数学者の交流が、一気に本格化していった。

ペレリマン博士は、研究員という立場でニューヨーク大学クーラント数理科学研究所に赴任した。専門分野は、かつて「新しい数学」トポロジーに王座を明け渡したと言われた微分幾何学。クーラント数理科学研究所には、微分幾何学に強い数学者が数

渡米した頃のペレリマン博士

多く在籍していた。

当時教授だった中国出身のガン・ティアン博士(現プリンストン大学教授)は、アメリカにやってきたばかりのペレリマン博士と親しく交流したひとりだ。すべてにおいて型破りなロシア人数学者との出会いは鮮烈だった。

「彼の語る言葉は明晰《めいせき》で、自分の研究分野を深く理解していました。多くの数学者と違って技術的なディテールを知り抜いていて素晴らしかった。また外見も印象的でした。ヒゲがとても長く、指の爪《つめ》は伸ばし放題で、いつでもお気に入りの黒っぽいジャケットを着ていました。私の周りの若い研究員たちは、たいがい日常生活を楽しむことにお金を使っていましたが、ペレリマンは数学以外のことにほとんど関心がないようでした」

ティアン博士はペレリマン博士より八歳年上で、専門は同じ微分幾何学だったが、興味のある研究対象はだいぶ違っていた。ふたりとも決して口数の多いタイプではないのだが、不思議に気が合ったという。

「ペレリマンと話すと豊富な知識に圧倒されました。例えば世界の歴史は何でも知っていましたし、あるときはロシアの流動的な政治状況について熱く語りました。そのうち、彼は音楽が大好きなことがわかってきました。しかし残念なことに、オペラやクラシック音楽を楽しむチャンスに恵まれたニューヨークに住んでいながら、一緒にコンサートに行ったことはありません。

びっくりしたのは彼が遠くまでパンを買いに行った話です。マンハッタンからブルックリン橋を渡って、ブライトンビーチのロシア人街にあるベーカリーへ行ったそうです。黒パンひとつのために四〇キロ近い距離を歩いたと楽しそうに話してくれました。パンへのこだわりはともかく、人並み外れて散歩が好きでした(1)」

ペレリマン博士は車に乗ることを嫌い、いつもリュックサックを背負って歩いていた。どうしても遠出しなければならないときは、ティアン博士が自分の車に乗せていったという。ふたりはよく同僚のジェフ・チーガー博士と連れ立って、片道一時間ほどかけてプリンストン高等研究所のセミナーに出かけた。ティアン博士よりもさらにひと回り以上年上のジェフ・チーガー博士は、ペレリマン博士がロシアにいた頃からその才能に注目し、ニューヨーク大学への留学を強く推薦したひとりだった。

「ペレリマンと直《じ》かに話して気がついたのは、性格がとても控え目だということです。例えば私は、彼が国際数学オリンピックに参加したに違いないと思ったので、そう尋ねたことがあります。彼は、『はい』と答えただけでしたが、実は大会で金メダルを獲得していました。

もうひとつ、彼は強靭《きょうじん》な肉体と精神に恵まれていました。異常なほど遠くまで歩いてロシアの黒パンを買いに行くのは、それが最もおいしいと判断したからです。ペレリマンは自分が必要だと考えたことは、どんなに困難でもやり遂げる意志と能力を持っているのです」

アメリカ時代のペレリマン博士は、専門である微分幾何学の分野で次々と業績を上げた。一九九四年には、超難問といわれた「ソウル予想[(2)]」を証明する。過去三〇年以上にもわたって解決されていなかったが、それを証明した論文はわずか三ページの箇

ガン・ティアン博士

潔なものだった。

　ペレリマン博士は、論文に絶対的な自信を持っていた。そのあまりに簡潔な論文を見て、ジェフ・チーガー博士は「もう少し言葉を足して丁寧に書いたらどうか」と助言したという。だが、ペレリマン博士は訂正をきっぱりと拒否した。

　チーガー博士は苦笑いしながら、そのときの様子を話してくれた。

「彼の様子を見て、私は『アマデウス』という映画の一場面を思い出しました。モーツァルトが初期のオペラ作品を発表した場面です。音楽好きの皇帝が、モーツァルトのオペラを評してこう言いました。『音楽は素晴らしかったが、音符の数が少し多すぎる』。するとモーツァルトは皇帝に、『どの音符が余分なのか、正確に教えてほしい』と嚙《か》みつきました。『自分の作品には余分な音符もなければ足りない音符もない』と答えたのです。ペレリマンと論文の話をしたときも、ちょうどそんな感じでした」

しかしながら当時、ペレリマン博士の名が世界の数学界に轟《とどろ》いていたというわけではない。博士は微分幾何学の中でも「アレクサンドロフ空間」という、いわば特殊な分野の第一人者だったのだ。同じ分野で世界のトップを走る東北大学の塩谷隆《しおやたかし》教授(3)は、自らの研究分野についてこう説明してくれた。

「数学的に言うと、アレクサンドロフ空間とは『特異点(4)』を持った特殊な空間のことです。私たち幾何学者にとって、研究の王道と言えば『多様体』です。しかしペレリマンや私は、多様体が潰《つぶ》れてしまって『特異点』を持った『多様体ではなくなった空間』を研究していることになります。ペレリマンはその道の大家なのです」

アレクサンドロフ空間。特異点。塩谷教授によれば、これらを研究する数学者は極めて限られており、人によっては「ゲテモノ研究」と揶揄《やゆ》する場合すらあるという。しかし実際には、その研究は極めて意義深い。

「例えば『人間とは何か？』を研究するとしましょう。人間には様々なタイプがいて、ある意味、コンピュータのような人もいれば動物的な人もいます。人間全体を知るに

ジェフ・チーガー博士

は、こうしたコンピュータ的な人間や動物的な人間、つまり『極端な人間』を知ることがひとつの方法であることはわかって頂けるのではないかと思います。

多様体の研究を『人間の研究』に例えれば、特異点を持ったアレクサンドロフ空間の研究は『コンピュータや動物を研究すること』にあたります。多様体の性質を知るには、その極端な例を調べることがとても重要なのです」

当時塩谷教授と共同研究を進めていた筑波《つくば》大学の山口孝男《たかお》教授は、アメリカで微分幾何学の学会に参加した際、何度かペレリマン博士に会っている。夏だというのに黒ずくめで爪を長く伸ばした博士は、とっつきにくい雰囲気だったが、話しかけると意外に礼儀正しく応じてくれたという。

山口教授が発表したばかりの自分の論文を見せると、すぐにミスを発見し、「これを改善するアイデアがありますので、ご迷惑でなければお手伝いします」と言ってきた。山口教授が逆にペレリマン博士の論文を褒めると「これは他人のアイデアを発展させただけのものです」と憮然《ぶぜん》としていたという。

「ペレリマンは数学に対してとてもストイックで、求道者とでもいうような雰囲気がありました」

ペレリマン博士の論文は簡潔で、しかも難解なことで知られていた。山口教授は博士の論文の数行を読むのに一週間を要したこともあるというが、中身はいつも確かだった。

微分幾何学の研究者の間では、こんな言葉さえあるという。

「ペレリマンは、間違えない」

知られざる「転機」

アメリカに渡って三年目、ペレリマン博士は大きな転機を迎えようとしていた。

この頃、博士は研究室に閉じこもりがちになり、自分の研究の内容を周囲に明かさなくなっていた。それまで明るく快活だった博士に何らかの異変が起きていることを、周囲の数学者たちは感じ取っていた。

当時、ＵＣバークレーで奨学生の立場にあった博士は奨学金貸与の期限が迫っていたため、アメリカで新たなポストを得るか、それとも帰国するかという選択を迫られていた。

華々しい経歴を持つ若いロシア人数学者を獲得しようとプリンストン大学を含むいくつもの一流大学が教官のポストを提示したが、博士はなぜか首を縦に振らなかった。

スタンフォード大学のヤコブ・エリアッシュバーグ教授は、ペレリマン博士を熱心に勧誘したひとりだ。出身はサンクトペテルブルクで、専門も同じ微分幾何学であるペレリマン博士をとても近しく感じていたという。

教授はまず、大学の規定にのっとってペレリマン博士の推薦人を決めた。そのうえで推薦人に送るための履歴書を書いてほしいと博士に頼んだ。だが、返事は意外なものだった。

「ペレリマン博士の返答はこうでした。『私の研究を知っている人に推薦状を依頼するなら、私の履歴書などいらないはずです。しかし私の研究を知らない人に依頼するとしたら、そもそも推薦の意味がまったくありません。推薦状など必要ないでしょう』。たしかに筋は通っています。

私は、履歴書があったほうが丁寧だし、そういう慣習なのだと博士に説明しました。厳格な考え方を緩めてくれないかと説得したのですが、返事は『あなたの論点は十分にわかりました。しかし私を説得するほどのものではありません』というものでした。私は委員会にその旨《むね》を伝えました。話し合いの結果、彼ほどの変わり者は、委員会の許容範囲を超えるということになりました。我々の勧誘は失敗したのです。しかし彼がなぜ、そんな小さなことに固執してチャンスを棒に振ろうとするのか、不思議でした」

だがこのとき、博士があのポアンカレ予想に立ち向かおうとしていたなどとは、誰も夢にも思っていなかった。

当時ペレリマン博士は、複数の数学者に繰り返しひとつの質問を投げかけていたという。友人のティアン博士はこう証言する。

「私が自分の研究の話をしたときのことです。ペレリマンはリッチフロー方程式について私に質問してきたのです。アレクサンドロフ空間でリッチフローを構築する方法を何度も聞かれました。なぜそんなことを聞くのか、とても不思議に思いました」

実はこのころ、ある研究論文がアメリカで話題をさらっていた。

「リッチフロー方程式を利用すれば、サーストンの幾何化予想とポアンカレ予想を証明できる可能性がある」という、リチャード・ハミルトン博士による主張だった。

リッチフロー方程式とはハミルトン博士の専門である「大域解析学[5]」の分野でよく使われる方程式で、三次元の宇宙（三次元空間）の形を丸く変形させるためにとても有効な式なのだが、ペレリマン博士にとっては専門外。ティアン博士が質問に違和感を覚えたのは、そのせいだった。

しかし、このリッチフロー方程式は「熱方程式」と呼ばれる物理の方程式に形がよく似ていた。そう、もとを辿《たど》れば、ペレリマン博士が高校時代に親しんだ「物理学」の方程式に行き着くのである。

$$\frac{\partial}{\partial t} g_{ij} = -2R_{ij}$$　（リッチフロー）

$$\frac{\partial u}{\partial t} = C^2 \frac{\partial^2 u}{\partial x^2}$$　（熱方程式）

「誰も解いたことがない難問を、いつか解いてみたい」

少年の頃から抱き続けてきた夢。ペレリマン博士の目の前に、その夢にふさわしい難問がついに現れたのだ。リッチフロー方程式をうまく使えば、サーストンの幾何化予想、そしてポアンカレ予想の解決に手が届くかもしれない。

一九九五年、博士はわずか三年でアメリカを離れ、ロシアに帰国することになった。その本当の理由を誰にも知られないまま。

ジェフ・チーガー博士は、帰国直前のペレリマン博士と話す機会があったが、研究の内容は聞けずじまいだった。

「ペレリマンは私に、いくつか質問をしました。そのとき私は、彼の興味の方向が大きく変わったことに気づいたのです。私は、『その分野には興味がなかったんじゃないのかい？』と尋ねました。すると彼は、『難問を解決できる可能性があるんです』と答えたのです」

世界の第一線の数学者たちが集い、しかも高収入が保障されるアメリカでの研究生活を捨て、故郷で難問に挑むというのは、数学者として大きな決断だったはずだ。

ペレリマン博士と同郷の先輩数学者ミハイル・グロモフ博士は、ペレリマン博士がふと漏らした言葉を覚えている。

「いつだったか私が、大きな難問に挑むのは魅力的だが大きければ大きいほど失敗したときのダメージは計り知れないと言ったのです。するとペレリマンは真面目《まじめ》な顔でこう答えました。『私には、何も起きない場合の覚悟がある』と」

サンクトペテルブルクに戻ったペレリマン博士は、ステクロフ数学研究所に勤務し、何かに取り憑《つ》かれたかのように研究に没頭した。学生時代の博士を知る同僚たちは、その変わりように啞然《あぜん》としたという。

「大学院で一緒に勉強していた頃、ペレリマン先輩は明るい普通の若者でした。私たちは一緒にパーティーに参加したり、新年をお祝いしたりしたんです。夏休みには勤労奉仕でコルホーズ（集団農場）にも行きました。他の仲間となんら変わることはなかったんです。

でも、アメリカから戻ってきた彼は、まるで別人でした。ほとんど人と交流しなくなったのです。昔みたいに声をかけることもできない。私たちとお茶を飲んで議論することもなければ、祝日を祝うこともありません。驚きました。以前はあんな人じゃなかったのに」

ペレリマン博士はセミナーなどの共同作業がある日以外、研究所に顔を出さなくなっていった。人付き合いを極力避け、研究に打ち込む日々が続いた。

七つの未解決問題

イギリスの数学者G・H・ハーディーは、かつてこう言った。

「物理学や化学における『真理』は時代によって移り変わる。しかし数学的真実は、一〇〇〇年前も、そして一〇〇〇年後も真実であり続ける」

実用的であることより、むしろ普遍的な真実であり続けることを望んできた数学者たち。だが数学を見つめる社会の目は、確実に変わりつつあった。

二一世紀の幕開けと共に、ポアンカレ予想も新たな時代を迎えていた。

二〇〇〇年五月二五日、全米各地の新聞がトップニュースでこう書き立てたのだ。

「数学の難問を解くために、一〇〇万ドルの賞金が出された」(「ワシントン・ポスト」紙)

「君も数学に挑戦して、七〇〇万ドルを獲得しよう！」(「サンディエゴ・ユニオントト

リビューン」紙）

この日、マサチューセッツ州ボストンの「クレイ数学研究所」が驚くべき発表をおこなった。数学の未解決問題七つを「ミレニアム懸賞問題」と名付け、もし解決できたら、一問につき一〇〇万ドル（約一億円）を賞金として支払うと宣言したのだ。

その七問の中に、ポアンカレ予想も選ばれていた。

クレイ数学研究所は一九九八年、数学者の支援や数学研究の振興のための援助を目的に設立された私設の研究機関である。アーサー・ジャフ（ハーバード大学・数理物理学）、アンドリュー・ワイルズ（プリンストン大学・整数論）、アラン・コンヌ（フランス高等科学研究所・幾何学）そしてエドワード・ウィッテン（プリンストン高等研究所・理論物理学）といった、現代数学・物理学の最先端を走る研究者たちをメンバーとした科学諮問《しもん》委員会を組織し、「長いあいだ未解決であること」、「最高の数学者が何年も取り組んできた伝統的な問題であること」、「解決が数学に真の影響を及ぼすと感じられる問題であること」を選考基準に、七つの難問を選んだのだ。

発表されたミレニアム懸賞問題は、リーマン予想、P対NP問題など、古くは一五〇年前、新しいものでも三〇年以上前から未解決の超難問ばかり。ポアンカレ予想も、

7つのミレニアム問題
・P対NP問題　(P versus NP)
・ホッジ予想　(The Hodge Conjecture)
・ポアンカレ予想　(The Poincaré Conjecture)
・リーマン予想　(The Riemann Hypothesis)
・ヤン-ミルズ方程式と質量ギャップ問題 (Yang-Mills Existence and Mass Gap)
・ナビエ-ストークス方程式の解の存在と滑らかさ (Navier-Stokes Existence and Smoothness)
・バーチ・スウィンナートン-ダイアー予想 (The Birch and Swinnerton-Dyer Conjecture)

トポロジーという新分野の牽引役《けんいんやく》となってきたことが高く評価された。

七つの難問はいわば、数学界が二〇世紀にやり残してしまったことのリストである。この問題を解決しない限り二一世紀の数学は開かれない、そういう思想の表れでもあった。


これらの難問は、数々の伝説を生んできた。例えば一九九七年四月、リーマン予想について、プリンストン高等研究所の数学者エンリコ・ボンビエリ博士が「ある若い物理学者が一瞬にして攻略法を思いついた」と知人にメールしたことから数学界は騒然となった。

リーマン予想は素数（二、三、五、七……など、一とそれ自身でしか割れない自然数）の現れ方の規則性に関するもので、現代のセキュリティ・システムに欠かせないコンピュータの暗号と密接に結びついている。アメリカの大手企業が大量に研究者を雇い、その証明に莫大《ばくだい》な資金を注ぎ込んできたほど重要な問題であり、「解決」の衝撃はアメリカ国家安全保障局がプリンストンに諜報員《ちょうほういん》を派遣するまでに広がった。

だが実は、件《くだん》のメールの日付は四月一日だった。なんとボンビエリ博士が仕掛けた、壮大なエイプリル・フールだったのである。

一方、この懸賞問題には反対意見も多かった。サンクトペテルブルクのステクロフ研究所に所属するアナトリー・ベルシック博士もそのひとりだ。ベルシック博士は一時期、ペレリマン博士の同僚でもあった。たとえ小額の給料であっても教育などの「雑事」に捕らわれることなく、自らの研究にすべてを捧《ささ》げるという立場を貫いてきた数学者である。

「与えられた問題に対して賞金を提示するという考え方は良くないと思います。もちろん、若者が問題を解いたとき、賞を与えるのは良いことであり、自然でしょう。むしろ今までよりもっと賞の数が必要であるかもしれません。しかし大金を目の前にぶらさげて、この問題を解けと言うのは数学的態度だとは思えません」

博士は、「それが本当に数学のためになるのか?」と題した論文まで出版している。そこから一部を引用する。

〈私は古くからの友人で、クレイ数学研究所の幹部の一人だったアーサー・ジャフ博士に尋ねた。「なぜこんなことをする必要があるんだ?」と。(中略)……すると彼は答えた。「あなたは、アメリカ人の生き方をまったく理解していない。もし政治家やビジネスマンまたは主婦が、数学をやることによって一〇〇万ドル稼げることを理解してくれれば、彼らは子どもが数学者の道を選ぶのを妨げたりしないだろう。子どもには医師や法律家、その他の金になる職業についてほしいとこだわることもなくなるはずだ〉

では当のクレイ数学研究所は、この議論をどう受け止めているのだろうか。所長で数学者でもあるジム・カールソン博士に尋ねた。

——数学に「懸賞金を出す」ことへの反対意見がありますが、どう思いますか。

「懸賞が好きになれないというのは、正統な見解だと思います。しかし懸賞は、数学に対する若い人々の関心を高くするには非常に効果的です。ミレニアム問題の発表以

ジム・カールソン博士

来、私のところに『○▲予想の賞金について聞きました』と学生が訪ねてくることが多くなりました。それは数学について多くの学生と対話する、絶好の機会になります。

一般の人が数学に興味を持つためのキャンペーンとしても賞金は効果的です。まだ一セントも賞金を使っていないのに、驚くほどたくさんの人にミレニアム問題は知れわたったではありませんか」

――難問が解けたとき、実際に一〇〇万ドルを支払う価値はあるのでしょうか。

「我々が古くから知っている『ピタゴラスの定理』を考えてみてください。答えは自《おの》ずと出てきます。これは紀元前三〇〇年に証明されたものですが、当時はこれほど広く使われるとは誰も思わなかったでしょう。しかし今や、測量をするときやGPSを使って地上の二点の距離を計算するときなど、生活のあらゆる場面で使われており、現代社会はこの定理なしでは成り立ちません。

　もし定理を利用するごとにピタゴラスに一セントを払うとしたら、その価値は一〇〇万ドルを遥《はる》かに超えるでしょう。ですからミレニアム問題を長い目で見たとき、その価値は一〇〇万ドルよりずっと高いのです」

――では一〇〇万ドルの賞金は、数学者が難問に取り組む一番の動機になるのでしょうか。

「それはあり得ません。この質問には、ひとりの数学者として答えさせてください。数学者が問題に挑む動機、それは未知なるものへの憧《あこが》れです。数学者に意欲を起こさせるものは、子どもたちに意欲を起こさせるものとまったく同じです。ただ、知らないことを知りたいのです。

　子どもは自分の周りの世界を理解したい生きものです。生まれついての科学者なのです。私たち数学者はいわば、大人になってもその好奇心を持ち続けているだけなのです。数学者の好奇心は、南極や北極やアマゾンを発見した探検家たちとも変わりません。いまやこの地球上では、まったく未開拓だと思われる場所はだいぶ少なくなってきました。でも頭の中の知的世界には、何の制限もありません。未知なるものは無限にあるのです」

懸賞問題が発表されたこの年、何人かの数学者が「ポアンカレ予想を解いた」と名乗りをあげた。しかし、いずれも論文に間違いが発見され、取り下げられた。

一〇〇年に一度の奇跡

二〇〇二年の秋、数学界に奇妙な噂《うわさ》が流れた。インターネット上に、ポアンカレ予想と幾何化予想の証明が出ているというのだ。

ポアンカレ予想を証明したという数学者たちの早合点は、しばしば数学界を騒がせていた。言うなれば「よくある話」だった。そのインターネットの論文についても、最初はほとんどの数学者が本気にしなかった。

トポロジーの専門家であるコロンビア大学のジョン・モーガン博士は、当初からその研究結果を相手にしなかったひとりだ。

「どうせデタラメだろうと最初は思いました。噂を聞いた次の日に論文を見たのですが、冒頭の序文だけでは、それがどのくらい真面目な論文であるかは判断できません

インターネットに公開されたペレリマン博士の論文

でした。そこで私は最後のページを開きました。彼は『このような考えを一般化すればサーストンの幾何化予想を証明できる。従ってポアンカレ予想も証明できる』と書いてありました。私はこう思ってしまいました。『そうそう、この言葉は飽きるほど聞いたよ』ってね」

　イェール大学のブルース・クライナー博士は、自らも幾何化予想の証明を目指していた。彼は噂の論文の著者の名を目にして、慌《あわ》てたという。

「私はインターネットに論文が掲示されたその日のうちに見ました。幾何化予想を証明したと主張しているのが彼だと気づき、ショックを受けたのを覚えています。数学者として才能があり、非常に広範な知識と高い技術力を持っていることを知っていたからです。しかし最初、数学界は半信半疑でした。なぜなら、この歴史ある予想を証明できたという主張は、これまで一度も正しかったことがなかったのですから」

だが、その証明の正しさを最初から確信していた数学者がいた。ニューヨーク大学から移籍し、当時マサチューセッツ工科大学（MIT）の教授をつとめていたガン・ティアン博士である。博士がその論文を知ったのは、ある日届いた一通のメールがきっかけだった。

ティアン殿

arXiv：math.DG/0211159に私の論文を掲載しましたので、お知らせします。

概　要

すべての次元に有効で曲率の仮定も必要ない、リッチフローの単調性公式を示す。これは、ある種のカノニカル集合のエントロピーと解釈できる。

（中略）

三次元の閉多様体に関するサーストンの幾何化予想を証明するためのリチャード・ハミルトンのプログラムに関連するいくつかの主張を証明する。

そして局所的に曲率が下から有界なときの崩壊に関する過去の成果を生かした、

幾何化予想の折衷的な証明の概要を示す。

グリーシャ・ペレリマン

それは他でもない、ペレリマン博士からのメールだった。

指定されたインターネット上の論文を見たティアン博士は、すぐに用件だけを伝える簡潔な返事を書いた。

グリーシャ殿

いま、あなたの論文を読んでいます。とても興味深いです。

MITに来て、この論文について講義をしてみませんか？

ティアン

論文の内容について解説して欲しいというティアン博士からの誘いを、ペレリマン博士は快く引き受けた。MITに続いて、プリンストン大学、ニューヨーク大学ストーニブルック校も同様の申し入れをし、三つの大学で特別講義がおこなわれることになった。

ティアン博士がペレリマン博士を招待するメールを書くまでに、わずか三日しか経《た》っていなかった。

「私はこの分野に詳しいですし、何よりペレリマンのことをよく知っています。重要な論文であることはひと目でわかりました。彼は極めて誠実な数学者です。その彼が長い間沈黙していたのは、とてつもない何かのためだろうと思っていました」

世界中の数学者たちは、その証明のどこかにきっと論理の破綻《はたん》や飛躍があるに違いないと疑っていた。だがどんなに詳しく読み進めていっても、論文の内容に明らかな間違いを見つけることはできなかった。正確に言うと、それが正しいかどうかすら判断することができなかったのである。

翌二〇〇三年四月。数学界が待ち望んでいた日がやってきた。件《くだん》のインターネット論文の執筆者がニューヨークでレクチャーをおこなうというニュースは世界中に伝わり、会場はポアンカレ予想に挑み続けてきた数学者たち、そしてトポロジーの専門家で埋め尽くされた。立ち見は当たり前で、床に座る者までいた。

その中には、証明に疑問を持っていたジョン・モーガン博士、ブルース・クライナー博士、そしてクーラント数理科学研究所のジェフ・チーガー博士の姿もあった。ポアンカレ予想の証明に半生を捧げてきたヴァレンティン・ポエナル博士も、パリから駆けつけていた。

ふいに大きな拍手が起こり、会場は興奮に包まれた。彼が壇上に現れたのだ。長髪と長い爪《つめ》、グレーのスーツにスニーカー姿。かつて難問が解けるかも知れないと言い残してアメリカを後にした、あのグリゴリ・ペレリマン博士だった。

通常の学会で使われるようなプレゼンテーション用の資料は一切なかった。博士はチョークを持って講堂の巨大な黒板に向かい、メモも見ずに講義を始めた。

ジョン・モーガン博士は、講義の進んでゆく様子を手に取るように覚えている。

「シャイな性格なのか、彼は最初落ち着かないように見えました。自分が世間の注目の的になっていることを意識しているようでした。講義が始まったとき、小さなテープレコーダーを机の上に置き、ペレリマンの話を録音し始めた学生がいました。彼は一言二言喋《しゃべ》ってからテープレコーダーに気付き、『それは何ですか?』と尋ねました。学生が説明すると険しい顔で指を振って、録音を止《や》めさせました」

ペレリマン博士は講義に先立って、メディアの取材はすべて断ってほしいとティア

ジョン・モーガン博士

ン博士に頼んでいた。ティアン博士によれば、自分の研究をほとんど理解しない報道陣と話すことには興味はなく、研究を真に理解する人と話すことだけを望んでいたという。

博士は講義の前半、リチャード・ハミルトン博士の業績を丁重に紹介した。三〇分にわたって「この部分はハミルトン博士が証明したことです」とことわりながら話し続けたのだ。やがて「そのあとから、私はこう続けました」と言って、ようやく自分の証明の解説に入った。

誰がどんな質問をしても直ちに答えが返ってきたので、ペレリマン博士が自分の書いたものはもちろん、リッチフローや幾何化予想の周辺のことをすべて習得していることが明らかになってきた。しかし聴衆の多くは、彼の言っていることを理解

ペレリマン博士自身による講義

できずに苦しんでいた。

数学者たちを苦しめていたのは、ペレリマン博士の証明の進め方だった。それはトポロジーの研究者たちが一〇〇年ものあいだ慣れ親しんで使ってきた手法とは、似ても似つかないものだったのだ。

一〇〇年にわたるポアンカレ予想の研究について知り抜いているポエナル博士でさえ、圧倒されていた。

「トポロジーの専門家たちは、ペレリマンの話をまったく理解できませんでした。話の内容は確かにポアンカレ予想を扱っていたのですが、ついて行けなかったのです」

そして、トポロジーこそが数学の王者だと信じて研究を続けてきたジョン・モーガン博士は、とんでもないことに気づいていた。

「皮肉なことにその証明には、トポロジーではない、あの『微分幾何学』が使われていたのです」

なんとペレリマン博士は、トポロジーの象徴と見なされてきた世紀の難問を、かつてトポロジーが古くさいものとして退けた「微分幾何学」の最新知識を駆使して解き明かしていったのである。

さらに証明には、「エネルギー」、「エントロピー」、「温度」などの言葉が頻繁に登場した。

ペレリマン博士は、高校時代に育《はぐく》んだ物理学の延長線上にある熱力学の世界にまで立ち入って、難問に挑んでいたのである。

それは、トポロジーこそが数学の王者であると信じてきた研究者にとって、とてつもない衝撃だった。

「まさに悪夢でした。私の知らない方法でポアンカレ予想が証明されてしまう瞬間を、ずっと恐れていたのです」（ヴァレンティン・ポエナル博士）

「それまでポアンカレ予想に取り組んできた数学者は、証明が終わってしまったと落胆し、トポロジーの手法が使われなかったことに落胆し、さらに証明が理解できないと落胆しました。トポロジーの専門家たちは、『ああ、ついにポアンカレ予想が証明されてしまった。でも、自分にはその証明がまったく理解できない。誰か助けてくれ』という感じだったのです」（ジョン・モーガン博士）

さらに、もうひとつ奇妙なことがあった。ペレリマン博士は世紀の難問を「証明した」という宣言を、講演の中でただの一度もおこなわなかったのだ。

「ペレリマンがただならぬ仕事をしていることは明確でした。しかしポアンカレ予想を証明したのかどうか、彼の言葉は非常にあいまいでした。彼は一度も、はっきりと解決を宣言しませんでした」（ブルース・クライナー博士）

聴衆の多くは、ペレリマンが「宣言」をするかどうかに大きな興味を持っていた。しかし講義は派手なところなど何もなく進み、むしろより技術的になっていった。日を追うごとに聴衆は減り、残ったのはノートをとりながら講義に集中する数学者だけだった。講義の最後に「問題は解かれた」と発表する人がいないことは、誰の目にも明確だった。

では、ペレリマンは幾何化予想を解いていなかったのだろうか。そうではない。そ

ブルース・クライナー博士

れは一般のやり方とは違ったが、極めて地味な方法で論文に明記されていたのだ。

「典型的な数学論文では、本文のなかに太字かイタリック体で『定理』と書き、『幾何化予想』と書きます。そうやって強調するのです。でもペレリマンはそれをしませんでした。解決については、ある段落の真ん中で触れていただけです。彼はファンファーレを望まなかったのでしょう。少々変わった態度ですが、それは決して優先事項ではなかったのです」（ブルース・クライナー博士）

アメリカでの連続講義は大成功に終わった。講義の仕掛け人となったガン・ティアン博士は、証明の内容で疑問に思った点を逐一ペレリマン博士に尋ね、ほんの二週間ほどの期間に、かつて同僚として過ごしたニューヨーク大学の頃よりもっと濃厚な議論を交わしたという。この証明に含まれる技術的ノウハウは、自分の研究にも生かせるに違いない——ティアン博士は最初、その程度に考えていた。

アメリカ滞在も終わりに近づいたある日、ティアン博士はペレリマン博士に昼食をご馳走《ちそう》しようと散歩に誘った。青空に雲ひとつない、天気の良い日だった。ふたりはMITのキャンパスに隣接するチャールズ川沿いの遊歩道を、ゆっくりと歩いた。

「私たちは大学近くのハーバードブリッジを渡り、川に沿って歩きながら数学の話、彼の解決した問題や、彼の予想などを話しました。そのほか、家族やロシアの話なども。とても気持ちの良い散歩でした」

短い散歩の間に、ペレリマン博士は驚くべき事実を次々と打ち明けた。

博士によればロシアに帰国して間もなく、一九九六年の二月には問題の突破口が見つかり、本格的に研究に取り組む決心をしたという。さらに驚いたことには、論文を発表する二年も前に既に問題を解決していたというのだ。二〇〇〇年には問題を解いていたことになる。万が一ミスがあってはいけないと考え、証明が正しいと確信できるまで発表しなかったのだという。

散歩の帰り道、ペレリマン博士はひとつの願いをティアン博士に伝えた。

「ペレリマンは言いました。できれば一年半か二年くらいのうちに世の中に自分の証明をわかってもらいたいと。彼は、自分の証明が確かだと広く認められることを願っていたのです。もちろん彼自身は、正しいと信じていました」

自分の姿が注目されたり、もてはやされることを極端なまでに嫌がったペレリマン博士。しかし成し遂げた数学の仕事については、一日も早い理解を求めていた。

ティアン博士にとってそのひと言は、偉大な証明を成し遂げた男の言葉としてはあまりに謙虚に聞こえたという。そしてその日からティアン博士は、三年以上にわたる論文の検証に取りかかることになる。

世紀の難問が解けた

ペレリマン博士は二〇〇二年から二〇〇三年にかけ、幾何化予想とポアンカレ予想に関する三つの論文を発表した。それらは博士の過去の論文と同様、極めて簡潔かつ難解なものだった。アメリカのガン・ティアン博士とジョン・モーガン博士、ブルース・クライナー博士とジョン・ロット博士、そして中国の数学者ふたりの合計三グループ、六人の数学者たちが中心となって論文の検証がスタートした。

それぞれのグループがふたりずつの数学者からなっていたのは、ペレリマン博士の論文がひとつの専門分野だけではカバーできない幅広いものだったからだと、ジョン・モーガン博士は言う。

「ガン・ティアンの専門は解析学に近くて私は位相幾何学寄りなので、ふたりは自然とパートナーになりました。解析と位相幾何のギャップを埋めるにはチームが必要でした。位相幾何学に強いブルース・クライナーと微分幾何学のジョン・ロットも、同じようなコンビを組みました」

だが、ペレリマン博士の証明を読み進めるのは至難の業だった。言葉遣いは極めて簡潔なのだが、博士が「自明」と考えている部分が省略されているため、初めて見る者には証明が飛び飛びに見えてしまうのだ。

「たとえば本文に、『単純な議論によって…Aは Bになる…』という言葉が頻繁に出てきます。しかしAとBは、普通すぐにはつながらない話なのです。ペレリマンは何を根拠にAとBをつなげたのか……。私たちはひたすら、彼の思考の道筋を追いかけて行ったのです」

ペレリマン博士の言う「AからB」をつなぐ道は、既存の論理の組み立てでは理解できない斬新《ざんしん》なものばかりだった。しかしひとたび理解すると、その道以外には考えられないというほど単純な道だと気づいたという。そう気づいたとき、ペレリマン博士は議論を省略したのではなく、確かに一度この道を歩いたのだと確信させられた、とジョン・モーガン博士は言う。

「数学でもっとも特別な瞬間は、問題を違った角度から眺めたとき、以前見えていなかったものが突然明確になったと気づく瞬間です。鬱蒼《うっそう》とした森だと思っていたのに、適切な場所に自分が立つと、木が整然と並んでいるのが見えるのです。他の角度から見るとその構造は見えずに、混沌《こんとん》とした木だけが見えます。でも、適切な方向に自分が向くと、突然、この構造が見えます。数学とはこのようなものです。私にとってペレリマンの論文はその連続でした。私は何度も『美しい』と思いました」

モーガン博士やティアン博士には、ペレリマン博士の証明のいったい何が「美しく」見えたのだろうか。彼らの後を追って、私たちもペレリマン博士の証明の世界に足を踏み入れてみることにしよう。

一九八二年に「宇宙は八つの基本形に分けられる」と予想したサーストン博士は、

複雑に絡《から》まり合っている宇宙をどうやってひとつひとつの基本形に切り離せばよいか、具体策を示せなかった。つまり万華鏡《まんげきょう》の像のように変幻自在な宇宙全体の形が、「ビーズ」のような基本ピースから構成されるだろうという予想はついたが、実際にどうやってそれぞれの基本ピースを取り出したらよいかがわからなかったのだ。

もっと厳密に言うと、宇宙全体をいくつものピースにデタラメに切り分けることはできても、そのピースがどんな形をしているのかを判定することができなかった。たとえて言えば、複雑な形をしたモチ（宇宙）を小さなピースにちぎってみたものの、ちぎったひとつひとつのモチの破片（宇宙の基本ピース）自体もややこしい形をしていて、「どんな形」と判定して良いのか判然としなかったというのである。

この切り分けた宇宙の形をきれいに成形するためにリチャード・ハミルトン博士が提唱したのが、リッチフロー方程式だった。

$$\frac{\partial}{\partial t} g_{ij} = -2R_{ij} \quad \text{（リッチフロー）}$$

この方程式の意味は、「宇宙の形に何らかの変化要因を加え、時間（t）を経過させれば、複雑な形の宇宙は最終的にはキレイな形に変化する」というものだ。

このリッチフロー方程式は、物理学で使われる「熱方程式」と本質的に同じであることを、ハミルトン博士は示している。

$$\frac{\partial u}{\partial t} = C^2 \frac{\partial^2 u}{\partial x^2}$$ （熱方程式）

この熱方程式が意味するのは、以下のような現象である。

部屋の中でストーブに火をつけると、最初はその周りだけが暖かくなって、離れたところは寒いままだ。だが時間の経過とともに部屋全体が暖かくなり、そこで火を消すと、部屋の温度はだんだん均一になってゆく。つまり、最初は部屋の温度に凸凹があっても、それがだんだん均質になってゆくという現象である。

この熱方程式で扱っている「熱」を、「形（曲率）」に置き換えたのが、リッチフローなのである。いわば、「凸凹な形」を時間とともに「スムーズな形」に変化させる方程式なのだ。例えば、ギザギザな形をしたハンダにコテで熱を加えたとき、たとえ最初はどんな複雑な形でも、時間とともに丸い形に変化する……というようなイメージだ。

またはストローでシャボン玉を吹いたときのことを考えてみる。ストローから出たシャボン玉は、最初は凸凹を持ったグニャグニャな形だ。だが一定の時間を経れば必ず「きれいな球」になる。

形の凸凹をならしてスムーズにする。大ざっぱにいえば、それがリッチフロー方程式の役割なのだ。

このアイデアによってハミルトン博士は、切り分けた宇宙のピースの「形」を整えることに成功した……かに思えた。しかしこのアイデアには、やっかいな欠点があった。

宇宙の形を「シャボン玉」のように変化させるとき、その形はコントロールが難しく、ときに割れてしまう。ちょうどシャボン玉の膜が薄くなり、割れてしまうときのように。割れると宇宙の形そのものが消えてなくなり、計算が続けられなくなってしまうのだ。このような現象を数学的に「特異点が生じてしまう」と呼ぶのだが、ハミルトン博士はそこから先にどうしても進めなかった。

ではペレリマン博士は、どうやってこの欠点を克服したのだろうか。

皆さんもご存じのとおり、博士はこの「特異点」の操作を専門としていた。博士は、シャボン玉が割れそうなときは「時間」を後戻りさせても良いという破天荒なアイデアを示した。彼の計算では時間を過去へと遡《さかのぼ》らせても良く、そうすれば宇宙は破綻《はたん》せずに、きれいな形に分けられるというのだ。

シャボン玉が薄くなって割れてしまったらその映像を過去に巻き戻し、割れてしまった点（特異点）を大きく拡大して、何とか割れないように計算を進める……。

ペレリマン博士は、「L関数」と自ら名付けた新しい概念を導入し、時間を未来そして過去へと自由に操ることで、破綻のない計算を進められると主張した。そうしてこの「宇宙の特異点」を見事に克服したのだ。

極めて特殊で応用の利かない分野と言われ、「ゲテモノ数学」と揶揄《やゆ》されることもあった「特異点」の研究。だがそれが、世紀の問題解決の決め手となった。

トポロジー（位相幾何学）を象徴する難問が、まず微分幾何学のアイデア（リッチフロー）で切り崩され、さらに物理学に由来するアイデアを導入することで解決してゆく様を、検証した数学者たちはどう見つめていたのだろうか。

「ペレリマンの論文には信じられないパワーがありました。言ってみれば彼は色の違うボールを六つも七つも同時に空中でさばくことができるジャグラー（手品師）です。ひとつひとつの議論が著しく複雑な考察を必要とするのですが、加えてそれらの位置関係をしっかり確認していないと議論の道筋がわからなくなるのです。

彼の専門は、ロシアの数学者たちが得意とする『アレクサンドロフ空間』です。しかし、それは微分幾何学の理論ですから、リッチフロー方程式とは関係ありません。彼はロシアに帰り、七年間ハミルトンが解析学で何をしたかを研究したはずです。それを過去一〇〇年のトポロジーの洞察と合わせて、証明を生み出したのです」（ジョン・モーガン博士）

「ペレリマンの解答には、解析学の分野で馴染《なじ》み深い偏微分方程式の考え方が大きく関係していると見ることができます。しかし一方で、幾何学者は幾何学的な考えをペレリマンの解答に見ています。アレクサンドロフ空間、比較幾何学、極限操作の議論……。

それに、セクション七ではまったく新しい考えとして、彼のL関数が紹介されてい

ます。この考えのルーツは、最終的には物理学から来ていると思います」（ブルース・クライナー博士）

ペレリマン博士の友人ガン・ティアン博士は、あのチャールズ川での散歩からちょうど二年後、世紀の難問はたしかに解けている、と確信した。そしてこんなメールを書いている。

グリーシャ殿

あのボストンでの散歩から、だいぶ経《た》ちます。しかし最近、ようやく君の幾何化予想についての論文の解読が進んできました。去年、私は学生たちと一緒に君の論文をひととおり読んで、他の数学者とも意見交換しました。どうやらやっと、我々は君の論文を理解できたようです。あの論文は大丈夫です。

おととしの春、チャールズ川を散歩しながら君が言った「一年半くらいはかかるかも知れない」という言葉は、まさに現実のものとなったね。

（中略）

君が近い将来、再びアメリカを訪れて、もっと数学の議論ができることを願っている。もちろん、もうすでに世界中が君を招待していることと思うけれど。

ティアン

ペレリマン博士は確かにこのメールを受け取ったはずだとティアン博士は言う。だが、返事はなかった。

なぜ彼だったのか

「宇宙がどんな形をしていたとしても、それは最大で八種類の断片から成る」というサーストンの幾何化予想は証明された。それは同時に「宇宙にロープを一周させ、すべて回収できたら宇宙が丸いと言える」という、あのポアンカレ予想が証明された瞬間でもあった。

一九〇四年、二〇世紀の「知の巨人」ポアンカレが生み出した難問は、彼の予言どおり、多くの数学者を予想もできない未知の世界へと連れ去った。数々の人生を翻弄《ほんろう》し、人々に、数学の底知れぬ奥深さを印象づけた。

そしてその証明は、誰も予想していなかった形で幕を下ろすことになったのだ。

しかし、素朴な疑問を感じる方もおられるだろう。なぜ、ペレリマン博士だったのか。他の誰でもない、ペレリマン博士が世紀の難問の最終的な解決者になり得たのは、いったいなぜだったのだろうか。

ペレリマン博士に教授のポストを申し出て断られたヤコブ・エリアッシュバーグ博士は、ペレリマン博士の行動には何ひとつ無駄なものがなかったと言う。

いま思えば、博士がスタンフォードの教授職を辞退したのには明らかな理由があり、さらに遡れば一九九二年にアメリカ留学を決めたのも、単に武者修行のために研究環境を変えるというような動機では絶対にないとエリアッシュバーグ博士は考えている。

「ペレリマンがあらゆる誘いを断ってロシアに戻ったのは、純粋に問題に集中したかったからです。大学の教授というのは、数学ばかりに時間を費やすことはできません。学生への指導、煩雑《はんざつ》な事務作業など、数学研究のほかにやるべき仕事が山ほどあります。彼が数学以外のことをしたくなければ、大学に残る必然性はありませんでした。

そもそも渡米の目的は、当時ニューヨークに在住していたグロモフ博士やチーガー博士、そしてハミルトン博士などが、難問の解決につながるカギになる人物だと判断したからではないでしょうか。ロシアで暮らすための資金を十分貯《た》めていたのです。

彼は渡米して三年目ですでに、アメリカのベイエリア、特にバークレー周辺は物価が高いので、普通なら奨学生の収入では貯金などできません。しかし彼の質素なライフスタイルは貯金を可能にし、当時ロシアの家族に送金までしていました。彼の渡米の目的はすでに達成されていたのです」

ブルース・クライナー博士は、難問が解決した背景は「ポアンカレ予想に応用できる数学のテクニックがようやく生まれたから」だという。だが同時に、ペレリマン博士が数学の幅広い分野にわたる知識を身につけることができる、極めて稀《まれ》な「万能選手」であることを認める。

「数学において、ほとんどの人はふたつ以上の分野で重要な貢献をすることはできません。時間がかかるだけでなく、ふたつ以上の分野を習得するには、新しい考え方を一から再構築する必要があるからです。

ペレリマンはいわば、棒高跳びと一〇〇メートル競走、走り幅跳びと砲丸投げ、それらすべての種目で金メダルを取る能力を持った陸上選手のようなものです。これら

ミハイル・グロモフ博士

の競技には違った筋力や精神力、違った訓練が必要です。重量挙げの選手はバーベルを持ち上げるために筋肉を鍛える必要がありますが、それはマラソン走者の筋肉とは違います。ペレリマンのようにかけ離れたことを同時におこなう能力を持ち、かつそれが非常に高いレベルであることは、とても稀なことなのです」

フランス高等科学研究所のミハイル・グロモフ博士は、一〇〇年に一度しか起きない難問解決の理由を合理的に説明するのは、過去のデータが少なすぎて難しいと言う。

「一〇〇年に一度の奇跡を説明するのは、実に困難です。しかし、ペレリマンが孤独に耐えたことが成功の理由かも知れません。孤独の中の研究とは、日常の世界で生きると同時に、めくるめく数学の世界に没入するということです。人間性を真っ二つに引き裂かれるような厳しい闘いだったに違いありません。ペレリマンはそれに最後まで耐えたのです」

グロモフ博士は、世紀の難問を解決したこととフィールズ賞の拒否が、裏表の関係にあると考えている。

「彼は必要でないものを徹底的にそぎ落とし、社会から自分を遮断させて問題だけに集中しました。その純粋性が七年間もの孤独な研究を可能にし、同時にフィールズ賞を辞退させたのです。人間の業績を評価する場合、純粋性は大切です。なぜなら、数学、芸術、科学、何においても、堕落が生じれば消滅の途をたどってしまうからです。私たちの社会も、倫理の純粋性が一定のレベルで存在しなければ崩壊するでしょう。意識する、しないに関係なく、数学は何よりも純粋性に依存する学問です。自己の内面が崩れては、数学はできません」

（1）散歩を好む数学者は少なくない。研究室に閉じこもるよりむしろ、道を歩きながらのほうが研究に集中できるというのだ。かつて東大で本郷キャンパス内にある三四郎池を潰《つぶ》して敷地を有効利用すべきだという計画が持ち上がったとき、数学科の教員だけが「思索の場が失われる」として猛反対した、というエピソードはよく知られている。前出のスメール博士は海岸や駅、空港など、他人がいて自然な雑音のある場所が好きだという。

（2）このときペレリマン博士が解決した「ソウル予想」は一九七二年、ジェフ・チーガー博士とドイツのデトレフ・グロモール博士が共同で提唱したものである。

（3）塩谷・山口両教授が一九九四年に発表した「崩壊理論」についての論文が、ペレリマン博士の幾何化予想の証明に引用されている。証明のカギを握る重大な貢献になっているといわれる。

（4）特異点

数学において、与えられた数学的な対象が定義されない点、または微分可能性のように、ある性質が保たれなくなるような例外的な集合に属する点をいう。

例えば、1／xの値はx＝1なら1、x＝2なら1／2、3なら1／3……などと定義できるが、x＝0の場合だけは無限大になってしまって定義することができない。このとき、x＝0は特異点であるという。

日常生活の例で言うと、例えば鉛筆の先、物体の輪郭のような、特別な点は「特異点」的な性格を持っていると言える。

（5）大域解析学

幾何学の中で、解析学（analysis）寄りの手法を使う研究分野。なお解析学とは、変化する量を実数や複素数の関数として扱い、微分や積分を用いて研究する数学の一分野で、大ざっぱに言うとXやYを使った関数、そして微分・積分記号が活躍する。そもそも数学を最も大まかに分類すると、代数学（algebra）、幾何学（geometry）、そして解析学に分けられると言われる。

エピローグ　終わりなき挑戦

本当の宇宙の形とは？

宇宙は、どんな形をしているのか。

いま天文学者たちは、最新の観測衛星を使って宇宙の形を実際に調べはじめている。ペレリマン博士の証明によって、宇宙が取りうる可能な形の選択肢はすべて明らかになった。しかし現在までの観測によると、宇宙が実際にその中のどの形にあてはまるのかを知るのは容易なことではない。

アメリカ航空宇宙局（NASA）ゴダード宇宙飛行センターでは、二〇〇一年六月に打ち上げた宇宙観測衛星WMAP（Wilkinson Microwave Anisotropy Probe）を使った史上最高精度の観測によって、様々な角度から宇宙の姿を解明しようとしている。

WMAPの任務は、ビッグバンの名残の熱放射である宇宙マイクロ波背景放射（CMB）の温度を全天にわたって観測することである。

二〇〇三年二月、ＮＡＳＡは宇宙の年齢や組成についての最新観測結果を発表した。今までに撮られた中で最も詳細な「宇宙の赤ん坊の頃の写真」のデータが発表され、これまでわからなかった宇宙の姿が少しずつ明らかになってきた（データはその後二度更新。下記は二〇〇八年三月時点の結果）。

・宇宙の年齢は、およそ一三七億歳である。
・宇宙の大きさは少なくとも七八〇億光年以上である。
・宇宙の組成はおよそ五パーセントが通常の物質、二三パーセントが正体不明のダークマター、七二パーセントがダークエネルギーだと考えられる。
・ＷＭＡＰのデータに現在の宇宙モデルの理論を適用すると、宇宙は永遠に膨張を続けるという結果になる。

そして問題の「宇宙の形」である。

宇宙の形は通常、時空の曲率（曲がり具合）で表現される。宇宙に存在する物質の平均密度が臨界質量（10^{-29}g/cm^3）より上なら曲率がプラス、同じなら〇《ゼロ》、下ならばマイナスとなり、それぞれ「閉じた宇宙」、「平坦《へいたん》な宇宙」、「開いた宇宙」に対応する。現在、宇宙論の主流となる「インフレーション理論」は、宇宙の曲率は〇《ゼロ》だと予測し

チャールズ・ベネット博士

ていた。

そしてWMAPの観測結果は、理論を裏付けるものだった。宇宙の曲率は〇、つまり平らだというのである。

だが、この結果は「宇宙全体の形」を示しているわけではない。あくまでも部分的、局所的な宇宙の「曲がり具合」が平らだと言っているに過ぎないのだ。現在の最新技術をもってしても、広大な宇宙のほんの一部しか見られていない可能性が高いのだという。

プロジェクトのリーダーであるチャールズ・ベネット博士（テキサス大学教授）は言う。

「私たちに見える宇宙の範囲は限られています。天文物理学では、それを『可視宇宙』と呼んでいます。これまでの観測によると、宇宙の年齢は一三七億歳。宇宙の初期に生まれた光は、今ようやく私たちのもとに届きつつありますが、それより遠くからの光はまだ届いていないのです」

かつて人類は、地球をひたすら平らな平面だと信じていた。それと同じように、いま私たちは、ようやく大宇宙の渚《なぎさ》に立ち、見える範囲の中だけで、宇宙の形の手がかりを摑《つか》もうとしているのだ。

孤高の天才はいま

二〇〇七年七月。私たちは再びロシア・サンクトペテルブルクを訪れていた。世界に衝撃を与えたあのフィールズ賞授賞式から、まもなく一年が経《た》とうとしていた。そして取材の旅は、ようやく終盤を迎えていた。

前回の訪問のあと、私たちはペレリマン博士に宛《あ》てて何度か手紙を書いていた。パリから、プリンストンから、そしてバークレーから、博士と同じ難問に取り組んできた数学者たちの魅力に触れるたび、そして難問に取り組む行為の意味を感じるたびに、それを言葉にし、旅の最後にひと目だけでも会いたいと記した。

だが予想どおりと言うべきか、残念なことに一度も返事はなかった。

今度の訪問にあたっては、私たちに助け船を出してくれた人物がいた。アレクサンドル・アブラモフ先生。ペレリマン博士を高校時代から見守ってきた恩師である。最初のロシア訪問でお会いしたときから、数学の魅力を伝えたいという私たちの取材意図を汲《く》み、ペレリマン博士に推薦の手紙まで書いてくださっていた。

私たちが相談したとき、先生は言った。

「私もグリーシャに直接会って話さなければならないことがあります。私は会えるような気がします」

かつて明るく輝いていた才能豊かな教え子が、人付き合いを避け孤独な世界に入り込んだ今の状況が、アブラモフ先生にはどうしても信じられないようだった。

私たちはペレリマン博士を再訪する日を、取材の最終日に決めた。それまで一方的にではあったが、自分たちの意図は伝えていたつもりだったので、これでダメなら仕方ないと開き直るような心境だった。

その日の早朝、私たちはアブラモフ先生をサンクトペテルブルクの駅で迎えることになっていた。冷え込む朝だった。列車が到着するたびに仰々しい歓迎の音楽が流れ、降り立つたくさんの人たちの白い息で、ホームは靄《もや》がかかったように見えた。

朝七時すぎ、モスクワからの夜行列車が到着した。アブラモフ先生は軽く背を丸め、タバコをくゆらせながら姿を現した。その姿はまるでペレリマン博士の心の扉を開く切り札のように頼もしく見えた。

「今日こそはペレリマン博士に会えるでしょうか」そう尋ねると、先生は笑みをたたえながら、「きっと大丈夫でしょう」とうなずいた。


私たちは一緒に朝食をとりながら、ペレリマン博士に会いたいというアブラモフ先生の心境を聞いた。

「私は彼の運命が非常に心配です。ですから試してみようと思うのです。彼の世界とこの世界の調和を生み出す試みです。それは可能で、かつ建設的だと思います。私は彼の運命をとても心配しています。彼を個人的に知っている人間として、援助したいのです。彼は偉大な数学者ですが、それでも私は彼より二〇歳年長です。何かできることがあるはずです」

現在モスクワの教育委員会で働く先生は、新しい学校の立ち上げを任されていた。そして、職を持たないまま閉じこもっているペレリマン博士に、ぜひその新学校の教師になってほしいという強い希望を抱いていた。そうして社会との接点を取り戻すことが、いまの博士には必要だというのだ。万が一、会えなかった場合のことも考え、ひと晩かけて博士に渡す手紙まで書いてきていた。

「彼の才能は私たちの社会にとって非常に貴重なものです。引きこもらず、社会に貢献するべきだと伝えたいのです。彼に、ロシアの偉大な数学者コルモゴロフの言葉を贈りたいと思って引用しています。『あなたは高貴な精神に恵まれている。それを、真に社会に役立つよう、使うことを望みます』」

午前一〇時頃、アブラモフ先生はペレリマン博士に最初の電話をかけた。これまで何度か博士と連絡を取ろうと試みてようやく突きとめた番号だという。しかし、何の応答もなかった。一時間おきに二度三度と電話を繰り返したが、誰も出ない。

しだいに焦《あせ》ってきたのか、先生はペレリマン博士の旧友に電話を入れた。

「グリーシャがどこにいるか知ってるかい？　散歩？　……そうか、夕方か」

博士は森に散歩にでも出かけているのだろうから、日中は帰ってこないかも知れない。そういうアドバイスだった。

いつになるかわからない帰りを、私たちはペレリマン博士の自宅のそばで待つことにした。

母親とともに暮らしているはずのその住まいは、博士がひとり暮らしのために借りているアパートにほど近い地域にあった。

アブラモフ先生は、ときどき車を降りてはアパートの窓を見上げた。はやる気持ちを抑えるかのようにタバコに火をつけ、何か考えごとをしていた。

およそ五時間後、ようやく電話が繋《つな》がった。

「こんにちはお母さん。グリーシャをお願いできますか」

電話に出たのは、ペレリマン博士の母親だった。私たちは身構えた。いよいよ博士に会えるかも知れない。

「グリーシャかい？　アブラモフです。いま近くに来ているんだよ。君に渡したいものがあるんだ。興味を持ってくれるといいのだけれど……。コルモゴロフとアレクサンドルの往復書簡集や他にもいろいろ持ってきたんだ。え、全然興味がないのか……。そうか」

心なしか先生の表情が曇ったように見えた。最初は明るかった声も、しだいに元気

ペレリマン博士と久しぶりに言葉を交わすアブラモフ先生

をなくしてゆくようだった。

アブラモフ先生は自らが仕事上のトラブルで苦しんだ経験や、半年間職を失っていた時期のエピソードまで話題にして、ペレリマン博士に語りかけた。

「グリーシャ、孤独のままでずっといるわけにはいかないだろう？　そう、もちろんだよ。でも遅かれ早かれ、何かを見つけなければならないだろう？　社会の中で働く必要があるはずだ」

「君とどうやって話せば良いのか、わからなくなってきた。何だかとても難しい。もう無理に勧めることはしないよ。ではいま、数学教育に何が起こっているかを話せないかな、これは大切な問題だ。まったく興味がないのか？　わかった。残念だ」

話しながら、何度も首を横に振る。ひどく落胆しているように見える。詳しい内容はその場ではわからなかったが、先生の言葉は博士に届かず、はね返されているかのようだった。

「もし私が書簡集を郵便受けに入れても、君はただ捨てるだけかね……。もし私が君の平穏を乱したのなら、許してほしい」


どのくらい時間が経ったのだろう。アブラモフ先生は静かに電話を切った。そしてすぐ「ダメだ」というように首を横に振った。

「これは私にとっての敗北です。なぜなら私は最近まで、かすかにではありますがグリーシャに期待していましたから。何とか、わずかでも話し合い、議論することはできました。彼の注意を社会に向けようとしました。しかし彼はもはや、歴史上の偉人のように手の届かないところへ行ってしまいました」

想定しなかった事態だった。ペレリマン博士は、恩師の訪問さえ拒絶したのだ。

アブラモフ先生は大きなため息をついて車を降りた。タバコに火をつけ、たったいま起きた異常な事態を懸命に整理するかのように、私たちに説明してくれた。

「彼は二五年前とはまったく別の人間になってしまいました。私には、いま彼に何が起こっているのかわかりません。彼の生きている世界は、私たちが生きている世界とは、もはや違うようです。

ポアンカレ予想を証明することは、私たちには想像すらできない恐ろしい試練だったのかも知れません。その試練を彼はひとりでくぐり抜けました。しかしその結果、彼は何かを失ってしまったのです」

アブラモフ先生は、ペレリマン博士への手紙を郵便受けにそっと入れた。読まれないかも知れない、数学者たちの書簡集と一緒に。

世紀の難問を証明した数学者にとっての人生の喜びは、私たちの想像を遥《はる》かに超えたものなのかも知れない。

数学者は今日もどこかで

数学の世界では、二一世紀に解決されるべき難問がポアンカレ予想の他に六つ挙げられている。数学者たちは今日も、その難問と取り組み、闘い続けている。

いったいなぜ、数学者たちは難問に挑み続けるのか。そして、それはどのような体験なのだろうか。

若い頃、数学と同じくらい命がけの登山に魅せられたというヴァレンティン・ポエナル博士。

「例えば登山家は、普通の人とは違い、山で命を落とすことを恐れません。数学も同じなのです。たとえ命と引き替えでも構わない、世の中の他のことなど、愛する数学に比べれば、取るに足らないものだ。数学の真の喜びを一度でも味わうと、それを忘れることはできなくなるのです」

迷路のようなパリの地下鉄をぐるぐる回るのが今でも好きだというミハイル・グロモフ博士。

「数学の魅力は、謎《なぞ》を解くときの興奮そのものです。例えば、子どもにとっては世界のすべてが謎に映ります。手足を動かしては、不思議なことを体験し、食事をすれば、味とはいったいなんだろうかと考えます。普通の人は大人になるに連れ、そうした好奇心を失いますが、謎への興味を絶やさなければ、その人は、宗教家になるかも知れませんし、芸術家になるかも知れません。難問に挑む数学者も、そういう人たちの中から生まれるのです」

そして、数学者になって初めてありのままの自分でいられるようになったというサーストン博士。

「数学は旅に似ています。見たことのないものを、何とか見ようとする努力なのです。数学は不思議な力で私たちの目の前の世界を彩《いろど》り、徐々にその神秘を明らかにしてくれるのです」

スタンフォード大学のヤコブ・エリアッシュバーグ教授のもとには、姿を消したペレリマン博士から連絡が入った。要件は「私宛ての手紙が届いたら、転送してほしい」という事務的なものだったが、教授はすかさず博士をアメリカに誘った。

「彼が『いったい何のために？』と尋ねるので、彼と話したいと思っている人がたくさんいるし、私も彼と話したいからだと伝えました。軽い気持ちでこちらに来て、少し滞在し、数学者と交流したらどうかと誘ったのです。

すると彼は言いました。『現在、別の関心事がある』と。それは何かと尋ねたら、まだ話せないと答えました。何かとてつもない研究に取り組んでいるのかも知れません。それが数学かどうかも、私にはわかりませんが」

教授は信じている。ペレリマン博士は間違いなく何かに挑戦し続けていると。

夏の終わり。ペレリマン博士がキノコ狩りを楽しむという、サンクトペテルブルク郊外の森を再び歩いた。雑草をかき分けると、小さなキノコがあちこちに顔を出していた。

いまも数学界には、解決されていない多くの難問が残されている。私たちの知らない世界で、私たちの知らない闘いが、数学者たちによって、これから何十年、何百年にもわたって続けられていくのだ。

あとがき

ペレリマン博士の受賞拒否からおよそ一か月後の二〇〇六年九月一四日、東京から京都に向かう新幹線の中で私は数学の集中講義を受けていた。講師は東京工業大学の小島定吉教授、トポロジーの専門家である。マドリッドの国際数学者会議で京都大学の伊藤清《いとうきよし》名誉教授がガウス賞を受賞され、その記念式典にご出席の予定だった小島先生に無理を言って同行取材をお願いしたのだ。

その日の取材ノートをめくってみる。

「ペレリマン↓専門はリーマン幾何、この方式をポアンカレ予想に持ち込んだ人はいない」「物理学のアイデア……統計物理を証明の要所で使った」「トポロジーの方法……ある空間からある空間へ写像を作って、特異点の形を全部調べる」——記憶が薄れているだけに余計に難解に思えるが、きっとそのときも頭の中はパニックに陥っていたに違いない。

だがノートを読み返さなくとも、はっきりと覚えているエピソードもある。

「数学者の集まりは、見た目でほかと区別できる。例えば、機械工学の学会などでは、出席者はスーツにネクタイを着用。受付での登録（レジストレーション）なども体裁が整っている。物理学の学会になると参加者の服装はもう少しラフで、ネクタイはしていないがジャケットくらいは着ている。だが数学の学会ではネクタイをほとんど見かけない。教官でも、まるで学生のようなジーンズ姿が珍しくない」

京大に着くと小島先生は、深谷賢治《ふかやけんじ》先生という大数学者と待ち合わせしているから会ってみるかとおっしゃる。彼ならペレリマン博士に直接会っているはずだ、というのだ。緊張してついて行ったら、深谷先生はジーンズ姿にリュックを背負って現れた。小島先生のお話どおりである。国際的な数学雑誌の編集者も務めているという深谷先生は、ペレリマン博士についてこう語ってくれた。

「ペレリマンは、とにかく難解な論文を書きます。しかも誰もが読めるように丁寧に噛《か》み砕いて書こうなんて考えていない。『宇宙人みたいだ』という人もいます」

ポアンカレ予想は難しそうだが、数学者という人種は面白そうだ。取材を始めようと決心した。

だが敵（？）は意外なところに潜んでいた。取材を知った知人たちが口をそろえて言うのだ。「そんなの、番組にできるの？」と。アメリカやフランス、ロシアで取材に協力してくれた現地のコーディネーターたちも、最初に連絡したときは悲しいほど後ろ向きな反応を返してきた。

「私、数学わかりませんよ」「学生時代から苦手ですから」

そしてとどめは、某国大使館のビザ担当官に言われた一言だった。

「数学の番組を作る？　私は数学は嫌いでしたねえ」

数学はかくも一般の人たちに敬遠されていたのかと、驚いた。

ポアンカレ予想解決までの一〇〇年の道のりがいかに魅力的かを説明しても「わかったようでわからない」と言われるし（自分の理解不足もあったが……）、仮に面白さをわかってくれたとしても、決まって最後に必殺の一手を打ってくる。

「数学の難問を解いて、何のためになるの？」

この問いは、取材とロケを通じて終始、取材班を苦しめた。

そして次なる敵（？）は、他ならぬ数学者自身だった。ご協力くださったどの数学者も、素人《しろうと》のレベルに合わせようと懸命に嚙み砕いて話してくださるのだが、その内容が九割がたわからない。基本的な質問を何度も繰り返し、「たとえ話をしてくれないか」とお願いし、必死で理解に努めるのだが、それこそ「数学語」（二二二頁参照）

を習得しない身には厳しかった。ある数学者から「ペレリマンの仕事の非専門家への解説は、私にとって相当難しい仕事です」と丁寧なメールが届いたこともあった。数学者にインタビューをおこなったあと、カメラマンと必ずこんな話をしたものである。「内容、撮れてるかな?」「うーん、たぶん」

だが、数学者の方たちのポアンカレ予想に賭《か》ける情熱と、数学自体の不思議な魅力が、困難な取材を前進させてくれた。

ポアンカレ予想の最初の詳しい解説は、東京工業大学名誉教授の本間龍雄《たつお》先生にしていただいた。本間先生は日本の低次元トポロジー研究の先駆けとも言える方で、一九五〇年代にプリンストン大学に赴任され、パパキリアコプーロス博士と親交があった。

「彼は心の優しい男でね。数学の定理になぜ人の名前をつけるのかと疑問を持ってたよ。『○▲の定理』なんてまるで誰かの所有物みたいで、数学の美学に反すると言うんだ」

実は先生は「デーンの補題」についての論文をパパより先に完成され、日本の国内雑誌に発表したそうなのだが、国際的には発表の機会に恵まれなかった。

「ペレリマンは確かに解決したんだろうけど、やはりトポロジーの手法で解かないと美しくないと思うんだな」

八〇歳を超えた先生は今でも日に数時間、机の前に座ってポアンカレ予想につながる研究を続けている。数学はペンと紙だけでできるから、一生現役でいられるのだぞうだ。

東京工業大学の小島定吉教授には、スメール博士やサーストン博士を紹介していただき、数学上の疑問があるとどんな細かなことでも答えていただいた。CG製作の相談にも乗ってくださり、世界で初めて「三次元宇宙の形」をユニークな概念図で示すことができたのも、先生のアドバイスによるものである。

ある日打ち合わせの席上で、「例えばこういう幾何の問題（四角形の面積をどう求めるか）を取材先の数学者に出題したら、どう反応するでしょうね？」とご相談したところ、先生自身がその問題で頭がいっぱいになってしまい、無口になってしまった。帰宅すると先生からメールが届いており、「先ほどの問題ですが、幸い▲×駅で解けました」とあった。これには、数学者の執念を垣間《かいま》見た気がした。

そして「そんなの簡単だよ〜」が口癖の横浜国立大学の根上生也《ねがみせいや》教授は、トポロジーの難しさにくじけそうになった取材班に様々なたとえ話を繰り返し語り、挑発し、刺激してくださった。

たくさんの励ましを受けておこなった海外取材の全貌《ぜんぼう》は、本編に記したとおりである。ほとんどの数学者が大学の重要なポストにあって忙しい方ばかりだったが、ポアンカレ予想の取材を心から喜んでくださった。

数学者は数学に人生を賭けている。いわゆる浮世離れした「天才」というのではなく、好きなことを続けるために世間に惑わされない自分なりの行動規範を作り、それを守るために地道に努力を続ける人たちだと感じた。そして、たとえ内容は理解できなくとも数学の魅力は十分に伝わってきた。

「数学の問題を解いて、何になるのか?」。口にするのもおこがましいが、私が見つけたこの究極の問いへのひとつの答えは、「数学はわからないから面白い」ということだった。

すでに放送した番組とこの本を通じて、たとえ数学嫌いな人でも、数学という不思議な世界に思いを巡らす時間を持っていただけたとしたら、こんなに嬉《うれ》しいことはありません。

最後に、この取材の最大のきっかけとなったグリゴリ・ペレリマン博士、ならびに取材を受けてくださったすべての数学者、物理学者にお礼を申し上げます。先生方のアドバイスに基づき、内容には万全を期したつもりですが、なにぶん数学はまったくの畑違いなので、論理の飛躍や説明不足などあろうかと思います。その場合、厳しいご意見をいただければ幸いです。ともに番組の骨格を作り、自由な取材を可能にしてくださった井手真也プロデューサー、「俺にはわからない」という立場から番組を客観的に見てくれた三浦尚プロデューサー、不思議な数学の世界を映像化しようと苦闘してくれた堀内一路カメラマン、倉田裕史さん、伊達吉克さんほか、すべての番組スタッフに深く感謝します。

そして編集者の小湊雅彦さん、遅くなってごめんなさい。

二〇〇八年六月吉日

春日真人

文庫版あとがき——ペレリマンがくれたもの——

この本の元となった番組「NHKスペシャル　100年の難問はなぜ解けたのか」の放送から、もうすぐ四年になる。その間、番組やその取材記をきっかけに様々な出会いが生まれた。

最も意外で嬉《うれ》しかったのは、数学とは縁がないと思っていた〝服飾デザイナー〟の方からのご連絡だった。イッセイミヤケのクリエイティブ・ディレクター（当時）をつとめる藤原大さん。ある日お電話をいただきお会いすると「宇宙の形（トポロジー）をデザインに生かしたい」とおっしゃる。「宇宙の形は八つに分類できる」と予言したサーストンの幾何化予想に感動し、一枚の布から三次元の形を創《つく》り出すプロとしてイマジネーションが抑えられなくなった、と熱っぽく語って下さった。具体的なお手伝いが出来ないので東工大の小島定吉教授をご紹介したところ、そこから米国のサーストン博士に話がつながり、ついにサーストンとデザインチームのコラボレーションが実現した。サーストンが描いた「八つの幾何のスケッチ」を元にドーナツが変幻自在に組み合わさったような斬新《ざんしん》なデザインが生まれ、それが二〇一〇年春、パリコレクションの舞台で「ポアンカレ・オデッセイ」として発表されたのである。アンリ・ポアンカレを祖国の誇りとしているパリの観客たちの喜びはいかばかりだったろうか。トポロジーの魅力が分野を超えて伝わることを実感させられた、嬉しい出会いとなった。

また、難問解決に成功した国内屈指の若手数学者にお目にかかる機会も持つことが出来た。今年三月、JIR（ジャーナリスト・イン・レジデンス注）という新しい試みで京都大学に滞在した際のことだ。

まだお会いしていない方に対して先入観は持ちたくなかったが、もしやペレリマンのようなタイプでは……との想像を禁じ得なかった。京都大学数理解析研究所の望月拓郎准教授。日本の代数解析学の大家・柏原正樹数理解析研名誉教授が一九九六年に提唱し「解決まで五〇年はかかる」と言われた〝柏原予想〟に取り組み、一〇〇ページに上る証明を積み上げて八年間で解決した人物である。

約束の時間に研究室のドアをノックすると、室内灯の消えた暗い部屋から眼鏡姿の望月さんが顔を出した。室内には、論文や書類を詰めた段ボールが所狭しと積み上がっている。今年で三九歳になるという望月さんは一見頑固な職人のような印象を与えたが、落ち着いた柔らかな物腰で、要領を得ない私の質問にひとつひとつ丁寧に答えて下さった。

――解決された柏原予想とは、どんな問題なんですか？

「専門的になってしまいますが〝射影多様体上の半単純な正則ホロノミックD‐加群の圏が種々の関手によって保存される〟というものです」

――論文が一〇〇〇ページとはかなりの分量ですが、なぜそんなに長い論文になるんでしょうか？

「本質的な証明の部分はかなり短いはずですが、言葉が未発達だったので、一つ一つ定義していったら長くなってしまいました」

――言葉が未発達、という意味は？

「つまり、予想を証明する過程では〝新しい道具〟をいくつか使わないといけないんですが、それは初めて見る人には新しい概念なので、その意味を明確に定義しておかないと混乱の元になって証明を読み進められないんです。例えば〝ツイスター構造〟という概念をこの証明ではよく使うので、論文のチャプター一つをまるまるその言葉の準備にあてました」

ここまで聞いて、私は「一〇〇ページの論文」の意味をようやく理解した。〝数学は一つの言語だ〟という考え方をスティーブン・スメール博士の取材の際に知ったが、その〝言語〟は数学研究の最前線で望月氏のような開拓者によって日々更新され、今この瞬間も語彙《ごい》を増やし続けているのだ。日本数学会による解説で、望月氏の仕事が〝解析的にはまったく未開拓の状況で、道具から作る必要があった〟と評価されていたのを思い出した。

四畳半あるかないかの狭く薄暗い部屋の中、細長いテーブルをはさんで望月さんと向かい合いながら、私は考え始めていた。「もしペレリマン博士に直接質問が出来たとしたら、こんな風だったろうか？」

わずか五日間の滞在だったが、望月さん以外にも京大数学教室および数理解析研究所の二〇人近い数学者の方たちにお会いし、数学の最前線で闘う日々についてお話を聞くことが出来た。そしてそのあいだじゅう、私はこう考えていた。

「あのときペレリマンに直接会って話せていたら、決してこの出会いは訪れなかっただろう」と。

ペレリマンがくれた、日本を代表する数学者たちとの新しい出会いについては、改めて機会を作ってじっくりとご報告申し上げたい。

最後の最後になってしまったが、二〇〇八年一一月に惜しくも還《かえ》らぬ人となったジョン・ストーリングス博士に心から御礼を言いたい。今にして思えば、糖尿病で思うに任せない体にむち打って取材に答えて下さったのだ。皮肉屋の彼が質問にすぐに答えず、我々を煙に巻いてニコニコしている顔や、打って変わって真剣に披露してくれたピアノ演奏は、今も忘れられない。

二〇一一年五月　春日真人

（注）JIRとはジャーナリストが大学の数学研究室に一定期間滞在し、そこで感じた数学や数学者の魅力、あるいは問題点などを数学会にフィードバックするという新しい試みで、東北大学情報科学研究科の藤原耕二教授（微分幾何学）が去年（二〇一〇年）、日本数学会に提案し実現した。

主な参考文献

ロバート・オッサーマン『宇宙の幾何』(郷田直輝訳　翔泳社　一九九五年)
ポアンカレ『科学と方法』(吉田洋一訳　岩波書店　一九五三年)
本間龍雄『位相空間への道』(講談社ブルーバックス　一九七一年)
本間龍雄『ポアンカレ予想物語』(日本評論社　一九八五年)
根上生也『トポロジカル宇宙』(日本評論社　一九九三年)
ロビン・ウィルソン『四色問題』(茂木健一郎訳　新潮社　二〇〇四年)
前田恵一『宇宙のトポロジー』(岩波書店　一九九一年)
深谷賢治『数学者の視点』(岩波書店　一九九六年)
ポアンカレ『ポアンカレ　トポロジー』(齋藤利弥訳　朝倉書店　一九九六年)
戸田正人『3次元トポロジーの新展開』(サイエンス社　二〇〇七年)
マーカス・デュ・ソートイ『素数の音楽』(冨永星訳　新潮社　二〇〇五年)

【放送記録】
2007年10月22日放送
NHKスペシャル
100年の難問はなぜ解けたのか　天才数学者　失踪の謎

語り	小倉久寛　上田早苗
声の出演	81プロデュース
取材協力	本間龍雄　小島定吉　根上生也 Madrid Espacios y Congresos Six Flags Discovery Kingdom, Vallejo
資料提供	The Journal of Differential Geometry Université de Nancy 2 Archives Henri Poincaré The Daily Princetonian American Mathematical Society 葛飾区郷土と天文の博物館
映像提供	NASA and The Hubble Heritage Team NASA AURA/STScl, Palomar Observatry, UK Schmidt Telescope Anglo-Australian Telescope Board, UK Particle Physics and Astronomy Reseach Council, DIGITAL SKY LLC ESO, VLT Gaumont Pathé archives ICM2006 TV Educativa UNED & EMILIO BUJALANCE NTV Broadcasting Company
撮影	堀内一路
音声	阿部晃郎
照明	蛭川和貴　河西堅
映像技術	今野友貴
映像デザイン	倉田裕史
CG制作	伊達吉克　高畠和哉
イラスト	川端洗耳
映像合成	藤野和也
音響効果	佐々木隆夫
コーディネーター	トレーシー・ロバーツ　小杉美樹 オリガ・コピエバ　ナンシー・グッド 難波素子　イズミ・サカモト＝サミュエル
編集	森谷稔
ディレクター	春日真人
制作統括	井手真也　三浦尚

この作品は平成二十年六月ＮＨＫ出版より刊行された。

最相葉月著

絶対音感

小学館ノンフィクション大賞受賞

それは天才音楽家に必須の能力なのか？ 音楽を志す誰もが欲しがるその能力の謎を探り、音楽の本質に迫るノンフィクション。

最相葉月著

星新一（上・下）

—一〇〇一話をつくった人—

大佛次郎賞・講談社ノンフィクション賞受賞

大企業の御曹司として生まれた少年は、いかにして今なお愛される作家となったのか。知られざる実像を浮かび上がらせる評伝。

S・シン
青木薫訳

フェルマーの最終定理

数学界最大の超難問はどうやって解かれたのか？ 3世紀にわたって苦闘を続けた数学者たちの挫折と栄光、証明に至る感動のドラマ。

S・シン
青木薫訳

暗号解読（上・下）

歴史の背後に秘められた暗号作成者と解読者の攻防とは。『フェルマーの最終定理』の著者が描く暗号の進化史、天才たちのドラマ。

佐藤唯行著

アメリカはなぜイスラエルを偏愛するのか

ユダヤ・ロビーは、イスラエルに利益をもたらすため、超大国の国論をいかに傾けていったのか。アメリカを読み解くための必読書！

佐藤優著

国家の罠

—外務省のラスプーチンと呼ばれて—

毎日出版文化賞特別賞受賞

対ロ外交の最前線を支えた男は、なぜ逮捕されなければならなかったのか？ 鈴木宗男事件を巡る「国策捜査」の真相を明かす衝撃作。

S・シン
青木 薫訳

宇宙創成（上・下）

宇宙はどのように始まったのか？ 古代から続く最大の謎への挑戦と世紀の発見までを生き生きと描き出す傑作科学ノンフィクション。

沢木耕太郎著

人の砂漠

一体のミイラと英語まじりのノートを残して餓死した老女を探る「おばあさんが死んだ」等、社会の片隅に生きる人々をみつめたルポ。

沢木耕太郎著

一瞬の夏（上・下）

非運の天才ボクサーの再起に自らの人生を賭けた男たちのドラマを〝私ノンフィクション〟の手法で描く第一回新田次郎文学賞受賞作。

沢木耕太郎著

バーボン・ストリート

講談社エッセイ賞受賞

ニュージャーナリズムの旗手が、バーボングラスを傾けながら贈るスポーツ、贅沢、賭け事、映画などについての珠玉のエッセイ15編。

沢木耕太郎著

深夜特急 1

―香港・マカオ―

デリーからロンドンまで、乗合いバスで行こう――。26歳の〈私〉の、ユーラシア放浪が今始まった。いざ、遠路二万キロの彼方へ！

沢木耕太郎著

チェーン・スモーキング

古書店で、公衆電話で、深夜のタクシーで――同時代人の息遣いを伝えるエピソードの連鎖が、極上の短篇小説を思わせるエッセイ15篇。

星新一著　おのぞみの結末

超現代にあっても、退屈な日々にあきたりず、次々と新しい冒険を求める人間……。その滑稽で愛すべき姿をスマートに描き出す11編。

星新一著　マイ国家

マイホームを〝マイ国家〟として独立宣言。狂気か？　犯罪か？　一見平和な現代社会にひそむ恐怖を、超現実的な視線でとらえた31編。

星新一著　妖精配給会社

ほかの星から流れ着いた〈妖精〉は従順で謙虚、ペットとしてたちまち普及した。しかし、今や……サスペンスあふれる表題作など35編。

星新一著　宇宙のあいさつ

植民地獲得に地球からやって来た宇宙船が占領した惑星は気候温暖、食糧豊富、保養地として申し分なかったが……。表題作等35編。

星新一著　午後の恐竜

現代社会に突然巨大な恐竜の群れが出現した。蜃気楼か？　集団幻覚か？　それとも立体テレビの放映か？――表題作など11編を収録。

星新一著　白い服の男

横領、強盗、殺人、こんな犯罪は一般の警察に任せておけ。わが特殊警察の任務はただ、世界の平和を守ること。しかしそのためには？

NHK「東海村臨界事故」取材班

朽ちていった命
―被曝治療83日間の記録―

大量の放射線を浴びた瞬間から、彼の体は壊れていった。再生をやめ次第に朽ちていく命と、前例なき治療を続ける医者たちの苦悩。

白洲次郎著

プリンシプルのない日本

あの「風の男」の肉声がここに！　日本人の本質をズバリと突く痛快な叱責の数々。その人物像をストレートに伝える、唯一の直言集。

門田隆将著

なぜ君は絶望と闘えたのか
―本村洋の3300日―

愛する妻子が惨殺された。だが、犯人は少年法に守られている。果たして正義はどこにあるのか。青年の義憤が社会を動かしていく。

NHKスペシャル取材班著

グーグル革命の衝撃
大川出版賞受賞

人類にとって文字以来の発明と言われる「検索」。急成長したグーグルを徹底取材し、進化し続ける世界屈指の巨大企業の実態に迫る。

梯　久美子著

散るぞ悲しき
―硫黄島総指揮官・栗林忠道―
大宅壮一ノンフィクション賞受賞

地獄の硫黄島で、玉砕を禁じ、生きて一人でも多くの敵を倒せと命じた指揮官の姿を、妻子に宛てた手紙41通を通して描く感涙の記録。

関川夏央著

家族の昭和

にぎやかだった茶の間。あの「家族」たちはどこへいったのか。向田邦子、吉野源三郎、幸田文からみる、もうひとつの「昭和」の姿。

柳田邦男著
生きなおす力
人はいかにして苛烈な経験から人生を立て直すのか。自身の喪失体験を交えつつ、哀しみや挫折を乗り越える道筋を示す評論集。

柳田邦男著
「気づき」の力
—生き方を変え、国を変える—
考える力を養い、心を成長させるには何が必要か。ネット社会の陥穽を指摘するジャーナリストが、あらゆる角度から語る「心の革命」。

池上彰著
ニュースの読み方使い方
〝難解に思われがちなニュースを、できるだけやさしく嚙み砕く〟をモットーに、著者がこれまで培った情報整理のコツを大公開！

池上彰著
記者になりたい！
地方記者を振り出しに、数々の事件を取材し、人気キャスターに。生涯一記者として情熱を燃やし続ける。将来報道を目指す人必読の書。

石川英輔著
江戸人と歩く東海道五十三次
箱根の関所を通り、大井川を越え、目指すは京都三条大橋。江戸通の著者による解説と約百点の絵から、旅人たちの姿が見えてくる。

池谷裕二
糸井重里著
海馬
—脳は疲れない—
脳と記憶に関する、目からウロコの集中対談。「物忘れは老化のせいではない」「30歳から頭はよくなる」など、人間賛歌に満ちた一冊。

池谷裕二著

脳はなにかと言い訳する

―人は幸せになるようにできていた!?―

「脳」のしくみを知れば仕事や恋のストレスも氷解。「海馬」の研究者が身近な具体例で分りやすく解説した脳科学エッセイ決定版。

池谷　薫著

蟻の兵隊

―日本兵2600人山西省残留の真相―

敗戦後、軍閥・閻錫山の下で中国共産党軍と闘った帝国陸軍将兵たち。彼らはなぜ異国の内戦に命を懸けなければならなかったのか？

石井光太著

絶対貧困

―世界リアル貧困学講義―

「貧しさ」はあまりにも画一的に語られていないか。スラムの生活にも喜怒哀楽あふれる人間の営みがある。貧困の実相に迫る全14講。

石井光太著

神の棄てた裸体

―イスラームの夜を歩く―

イスラームの国々を旅して知ったあの宗教と社会の現実。彼らへの偏見を「性」という視点から突き破った体験的ルポルタージュの傑作。

岩村暢子著

普通の家族がいちばん怖い

―崩壊するお正月、暴走するクリスマス―

元旦にひとり菓子パンを食べる子供、18歳の息子にサンタを信じさせる親。バラバラの家族をつなぐ「ノリ」とは――必読現代家族論。

森　功著

黒い看護婦

―福岡四人組保険金連続殺人―

悪女〈ワル〉たちは、金のために身近な人々を脅し、騙し、そして殺した。何が女たちを犯罪へと駆り立てたのか。傑作ドキュメント。

青木冨貴子著

7 3 1
―石井四郎と細菌戦部隊の闇を暴く―

731部隊石井隊長の直筆ノートには、GHQとの驚くべき駆け引きが記されていた。戦後の混乱期に隠蔽された、日米関係の真実！

植木理恵著

好かれる技術
―心理学が教える2分の法則―

第一印象は2分で決まる！　気鋭の心理学者が最新理論に基づいた印象術を伝授。合コンに、仕事に大活躍。これであなたも印象美人。

江夏豊著
構成・波多野勝

左腕の誇り
―江夏豊自伝―

「江夏の21球」「オールスター9連続奪三振」「年間401奪三振」。20世紀最高の投手が、栄光、挫折、球界裏話を語った傑作自伝。

小澤征爾著

ボクの音楽武者修行

〝世界のオザワ〟の音楽的出発はスクーターでのヨーロッパ一人旅だった。国際コンクール入賞から名指揮者となるまでの青春の自伝。

小澤征爾
武満徹著

音楽

音楽との出会い、恩師カラヤンやストラヴィンスキーのこと、現代音楽の可能性――日本を代表する音楽家二人の鋭い提言。写真多数。

小澤征爾
広中平祐著

やわらかな心をもつ
―ぼくたちふたりの運・鈍・根―

我々に最も必要なのはナイーブな精神とオリジナリティ、即ち〈やわらかな心〉だ。芸術・学問から教育問題まで率直自由に語り合う。

100年《ねん》の難問《なんもん》はなぜ解《と》けたのか
—天才数学者の光と影—

新潮文庫　か－60－1

平成二十三年六月一日発行
平成二十四年六月十日四刷

著者　春日《かすが》真人《まさひと》
発行者　佐藤隆信
発行所　株式会社新潮社

郵便番号　一六二―八七一一
東京都新宿区矢来町七一
電話　編集部(〇三)三二六六―五四四〇
読者係(〇三)三二六六―五一一一
http://www.shinchosha.co.jp

価格はカバーに表示してあります。

乱丁・落丁本は、ご面倒ですが小社読者係宛ご送付ください。送料小社負担にてお取替えいたします。

印刷・株式会社光邦　製本・株式会社植木製本所

ISBN978-4-10-135166-7 C0141